Teubner Studienskripten (TSS)

Mit der preiswerten Reihe **Teubner Studienskripten** werden dem Studenten ausgereifte Vorlesungsskripten zur Unterstützung des Studiums zur Verfügung gestellt. Die sorgfältigen Darstellungen, in Vorlesungen erprobt und bewährt, dienen der Einführung in das jeweilige Fachgebiet. Sie fassen das für das Fachstudium notwendige Präsenzwissen zusammen und ermöglichen es dem Studenten, die in den Vorlesungen erworbenen Kenntnisse zu festigen, zu vertiefen und weiterführende Literatur heranzuziehen. Für das fortschreitende Studium können **Teubner Studienskripten** als Repetitorien eingesetzt werden. Die auch zum Selbststudium geeigneten Veröffentlichungen dieser Reihe sollen darüber hinaus den in der Praxis Stehenden über neue Strömungen der einzelnen Fachrichtungen orientieren.

Lichtwellenleiter

Von Dr. rer. nat. Manfred Börner
Professor an der
Technischen Universität München

und Dr.-Ing. Gert Trommer
MBB München

B. G. Teubner Stuttgart 1989

Professor Dr. Manfred Börner

1929 in Rochlitz/Sachsen geboren. 1949-1954 Studium der Physik an der FU Berlin, 1959 Promotion zum Dr. rer. nat. an der TH München. Berufstätigkeit von 1954-1979 am Forschungsinstitut Telefunken (später AEG-Telefunken), zuletzt als dessen Leiter. Seit 1979 Inhaber des Lehrstuhls für Technische Elektrophysik an der TU München.

Dr.-Ing. Gert Trommer

1952 in Coburg geboren. 1972-1978 Studium der Elektrotechnik an der TU München. 1978-1981 wiss. Mitarbeiter und 1981-1987 Akad.Rat a.Z.am Lehrstuhl für Technische Elektrophysik der TU München unter Prof. Maecker und Prof. Börner. 1982 Promotion zum Dr.-Ing.; seit 1987 Entwicklungsingenieur bei MBB in München.

CIP-Titelaufnahme der Deutschen Bibliothek

Börner, Manfred:
Lichtwellenleiter / von Manfred Börner u. Gert Trommer. -
Stuttgart : Teubner, 1989
(Teubner-Studienskripten ; 116 : Elektrotechnik)
ISBN 978-3-519-00116-4 ISBN 978-3-322-92122-2 (eBook)
DOI 10.1007/978-3-322-92122-2
NE: Trommer, Gert; GT

Gesamtherstellung: Druckhaus Beltz, Hemsbach/Bergstraße
Umschlaggestaltung: M. Koch, Reutlingen

Vorwort

Dieses Buch dient der Einführung in die nunmehr im wesentlichen abgeschlossene Theorie der Lichtführung in dielektrischen Wellenleitern. Zum physikalischen Verständnis wird in Kürze die klassische Methode der Analyse von vorgegebenen nicht-optimalen Brechzahlprofilen vorgeführt und in die sehr umfangreiche Literatur eingeführt. Die Feldverteilungen sind im Falle der sogenannten Stufenindexfaser mit Hilfe von Zylinderfunktionen darstellbar.

In optimalen Fasern sind die Impulsverzerrungen über der Frequenz einzuebnen. Es ergeben sich dann als Lösungen optimale Profile für die Brechzahl. Die Feldverteilungen werden ebenfalls gefunden und dargestellt, als Ergebnis von numerischen Rechnungen, ohne näherungsweise Benutzung von Standard-Funktionen, die unwichtig geworden sind. Auf diesen Umstand sei besonders verwiesen. Auf die numerische Behandlung der Optimierungsaufgabe mit Hilfe von Standard-Algorithmen wird großer Wert gelegt.

Das Buch entstand aus Vorlesungen für Studenten nach dem Vordiplom, an die es sich auch wendet: An Elektrotechniker und Physiker sowie Informatiker und Mathematiker mit Interesse an der Technik.

München, März 1989 Die Verfasser

Widmung: Für unsere beiden Frauen Antje und Moni

Inhaltsverzeichnis

Abbildungsverzeichnis

Kapitel 1

Einleitung

In der Nachrichtentechnik bedient man sich zur Übertragung und Verarbeitung von Information elektromagnetischer Wellen. Die elektromagnetische Energie ist entweder gebunden an feste Körper (Leitungen, Isolatoren, Dielektrika, ganze Schaltungen) oder sie breitet sich im freien Raum aus. Bis vor wenigen Jahren beherrschte man technisch nur die Erzeugung und Verarbeitung von elektromagnetischen Schwingungen bis zu Frequenzen von einigen GHz. Da die Informationsbandbreiten, die bei der Sprach- und Bildverarbeitung entstehen, klein dagegen sind, konnte sich auf der Basis dieser Schwingungserzeugung bis in den GHz-Bereich die gesamte bisherige Nachrichtentechnik entwickeln. Die Entdeckung des Laser-Prinzips dehnte plötzlich das technisch verfügbare Spektrum elektromagnetischer Schwingungen in den Bereich bis 10^{15}Hz (1000 Tera-Hertz) aus. Um sich eine Vorstellung von der damit im Prinzip verfügbaren Bandbreite zu machen: Könnte man einen solchen Sender voll ausmodulieren, so könnten bei 10 KHz Bandbreite je Sprecher gleichzeitig 100 Milliarden Menschen über einen Sender sprechen.

Mit der hohen Frequenz der Lichtwellen ist ihre kurze Wellenlänge verbunden. Sie ist charakteristisch für den zweiten Aspekt der optischen Nachrichtenübertragungstechnik: Die kleinen Abmessungen des Kerns der Glasfasern im μm-Bereich und die kleinen Abmessungen der Antennen und der Bauelemente der Integrierten Optik.

Seither hat die optische Nachrichtentechnik einen ungeheuren Aufschwung erfahren. Als Medium für die Übertragung hoher Datenraten wird das Kupferkoax-Kabel immer mehr durch die Glasfaser ersetzt. Multimodefasern gehören inzwischen zum Stand der Technik; mit ihnen lassen sich bis zu 1 Gbit s^{-1}km übertragen. Für zukünftige Nachrichtensysteme hingegen erwartet man Datenströme in der Größenordnung von mehreren hundert Gbit s^{-1}. Zur Übertragung dieser hohen Datenraten benötigt man Monomodefasern, welche bezüglich Dämpfung und Pulsverzerrung innerhalb eines möglichst weiten Wellenlängenbereichs optimiert sind. Die große Anzahl von Freiheitsgraden bei der Gestaltung des Brechzahlprofils verbietet den Entwurf solcher Fasern auf der Basis blinden Experimentierens. Es ist daher ein theoretisches Wissen über die zugrunde liegenden physikalischen Prinzipien notwendig. Mit Computersimulation ist es möglich, eine effiziente Optimierung durchzuführen, wodurch der Aufwand teurer, zeitraubender Experimente beträchtlich reduziert werden kann. Darüber hinaus ist es die Aufgabe der Theorie, Toleranzgrenzen für die Faserherstellung festzulegen und zu erkennen.

Die Ausbreitung von Lichtwellen in Glasfasern und integriert-optischen Schaltungen läßt sich mit Hilfe der klassischen Maxwellschen Theorie exakt beschreiben. Die ersten theoretischen Untersuchungen auf diesem Gebiet sind schon sehr alt; sie gehen bis auf die Arbeiten von Sommerfeld, Hondros und Debye um die Jahrhundertwende in München zurück. Während jedoch die Aufstellung der entsprechenden Differentialgleichungssysteme relativ einfach ist, ist deren analytische Lösung außer in einigen eingeschränkten Sonderfällen nicht möglich. Erst die Einführung des Computers und die damit einhergehende Entwicklung neuer numerischer Integrationsverfahren lieferten die Voraussetzungen für die Berechnung der Übertragungseigenschaften von Fasern mit beliebigem Brechzahlprofil bzw. von dielektrischen Wellenleitern in planaren integriert-optischen Schaltungen. Dabei wird deutlich, daß die früher so wichtigen speziellen (orthogonalen) Lösungsfunktionen (wie die Besselschen Zylinderfunktionen) fast keine Bedeutung mehr haben: Bei der Optimierung des Brechzahlprofils, die auch die beschreibenden Differentialgleichungen betrifft, treten jeweils völlig neue orthogonale Lösungsfunktionen auf, deren Vielfalt weder katalogisiert werden kann noch muß.

Das Buch hat zwei Ziele: Zum einen soll es eine kompakte Einführung in die Physik der Wellenführung von dielektrischen Wellenleitern sein. Hierzu eignet sich die "klassische" Methode der Analyse von vorgegebenen Brechzahlprofilen bestens. Dabei wird sich auch ein geraffter Überblick über die bisherige Literatur des Gebietes ergeben. Zum anderen will es dem Leser einen ersten Zugang zu den numerischen Lösungsmethoden mit Hilfe des Computers vermitteln. Es wird also auf die übliche Darstellung analytischer Näherungslösungen verzichtet; statt dessen erfolgt die mathematische Behandlung der physikalischen Zusammenhänge in einer für Standart-Algorithmen handelsüblicher Software-Pakete adequaten Form, die Ausgangspunkt ist für die schließliche Synthese von Faserprofilen.

Das Buch entstand aus einer Vorlesung für Studenten der Elektrotechnik nach dem Vordiplom an der Technischen Universität München, es wird aber auch Physiker mit Interesse an der Technik ansprechen.

Kapitel 2

Filmwellenleiter

Ein optischer Filmwellenleiter besteht aus einem dünnen Film eines transparenten Mediums der Brechzahl n_1, der sich auf einem ebenfalls transparenten Substrat mit etwas niedrigerer Brechzahl n_2 befindet. Auf der anderen Seite ist er begrenzt durch die Deckschicht eines weiteren Mediums mit ebenfalls niedrigerer Brechzahl n_3, welches häufig einfach Luft ist. Solch eine geschichtete Anordnung dielektrischer Medien erlaubt die gezielte Führung von Lichtwellen in integriert-optischen und optoelektronischen Schaltungen. In der Praxis ist eine zusätzliche seitliche Führung der Wellen nötig, die die mathematische Behandlung jedoch wesentlich erschwert. Wir wollen uns daher zunächst auf den viel einfacheren, seitlich unbegrenzten Filmwellenleiter beschränken, wie er in Abb. 2.1 dargestellt ist.

Links stößt der Lichtwellenleiter auf ein den gesamten Halbraum einnehmendes Medium der Brechzahl n_0, von wo aus Licht eingestrahlt werden kann, welches sich nach Brechung am Wellenleitereingang im Inneren mit dem Winkel Θ zur z-Achse fortpflanzt. Für die Brechzahlen gelte $n_1 > n_2 \geq n_3$. Mit dieser Relation können wir drei Fälle unterscheiden:

a) Der Winkel Θ sei größer als der Grenzwinkel der Totalreflexion Θ_{3c} zur Deckschicht, der nach dem Snellius'schen Brechungsgesetz durch

$$\cos \Theta_{3c} = \frac{n_3}{n_1} \tag{2.1}$$

gegeben ist.

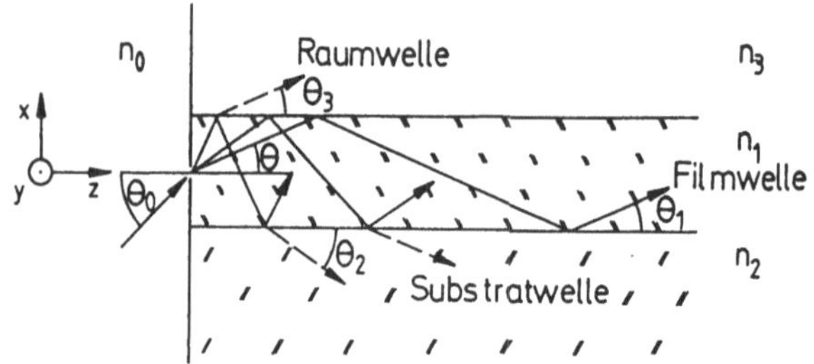

Abbildung 2.1: Prinzipieller Aufbau eines Filmwellenleiters mit Lichteinkopplung an der linken Seite

Die Lichtwellen werden an der Grenzfläche n_1, n_3 nur teilweise reflektiert. Der Rest der Strahlung wird gebrochen und verläßt den Film unter dem Winkel Θ_R mit

$$\cos \Theta_R = \frac{n_1}{n_3} \cos \Theta \tag{2.2}$$

Der reflektierte Teilstrahl wird an der zweiten Grenzfläche n_1, n_2 wiederum nur teilweise reflektiert, da auch hier der Grenzwinkel der Totalreflexion überschritten ist. Wieder verläßt ein Teil der Strahlung den Film und dringt gebrochen unter dem Winkel Θ_S mit

$$\cos \Theta_S = \frac{n_1}{n_2} \cos \Theta \tag{2.3}$$

in das Substrat ein. Dieser Vorgang nur teilweiser Reflexion an Filmober- und Unterseite wiederholt sich, bis allmählich alle Strahlung als sogenannte Strahlungswelle den Film verlassen hat. Man spricht in diesem Falle auch von Raumwellen.

b) Der Winkel Θ sei kleiner als der Grenzwinkel der Totalreflexion Θ_{3c} zur Deckschicht, aber immer noch größer als der zum Substrat Θ_{2c} mit

$$\cos \Theta_{2c} = \frac{n_2}{n_1} \,. \tag{2.4}$$

Jetzt werden die Lichtwellen zwar an der Grenzfläche n_1, n_2 total reflektiert, ohne in die Deckschicht eindringen zu können, jedoch findet an der Trennfläche zum Substrat weiterhin nur teilweise Reflexion statt. Diese ins Substrat abstrahlenden, gebrochenen Teilwellen werden Substratwellen genannt.

c) Der Winkel Θ sei sowohl kleiner Θ_{3c} als auch Θ_{2c}. Es tritt an beiden Grenzflächen des Films Totalreflexion auf. Die Strahlung geht nicht mehr nach außen verloren, sondern verbleibt im Film, weshalb man in diesem Fall von Filmwellen spricht.

Zur gezielten Lichtführung in integriert-optischen Schaltungen eignet sich nur der Fall reiner Filmwellen. Die Lichteinkopplung in den Filmwellenleiter muß daher auf solche Weise erfolgen, daß an beiden Grenzflächen des Films Totalreflexion stattfindet. Koppelt man Licht an der Stirnseite des Films aus dem Medium der Brechzahl n_0 kommend unter dem Winkel Θ_0 ein, so folgt für den Winkel Θ im Filminneren nach Snellius

$$n_0 \sin\Theta_0 = n_1 \sin\Theta \; . \tag{2.5}$$

Damit Θ gemäß Fall c) kleiner als Θ_{2c} ist, muß für den Lichteinfallswinkel θ_0 gelten

$$n_0 \sin\Theta_0 < n_1\sqrt{1 - cos^2\Theta_{2c}} = n_1\sqrt{1-(n_2/n_1)^2} = \sqrt{n_1^2 - n_2^2} \; . \tag{2.6}$$

Dieser Grenzwert heißt die numerische Apertur A_N mit

$$A_N = \sqrt{n_1^2 - n_2^2} \tag{2.7}$$

Je größer die Brechzahldifferenz und damit A_N ist, umso größer ist der zur ausschließlichen Anregung von Filmwellen erlaubte Einstrahlwinkel Θ_0.

2.1 Strahlenoptische Näherung

Eine vollständige Beschreibung der optischen Eigenschaften dielektrischer Wellenleiter muß im Rahmen der klassischen Maxwellschen Theorie erfolgen. Einen ersten mehr anschaulichen Zugang zur Wellenführung in dielektrischen Wellenleitern erhalten wir mit Hilfe der strahlenoptischen Nährung, indem wir die Ausbreitung ebener Wellen im Filmwellenleiter auf geometrische Weise betrachten. Dabei setzt die Forderung ebener Wellenfronten voraus, daß die Abmessungen des optischen Systems groß gegen die Wellenlänge des Lichts sind. Dies ist beim in Querrichtung unendlich ausgedehnten Filmwellenleiter stets der Fall.

Die Filmwellen seien also zusammengesetzt aus der Überlagerung homogener, ebener Elementarwellen, die sich im Inneren des Films durch Totalreflexion an Filmober- und -unterseite auf Zickzackbahnen entsprechend Abb.2.2 entlangbewegen.

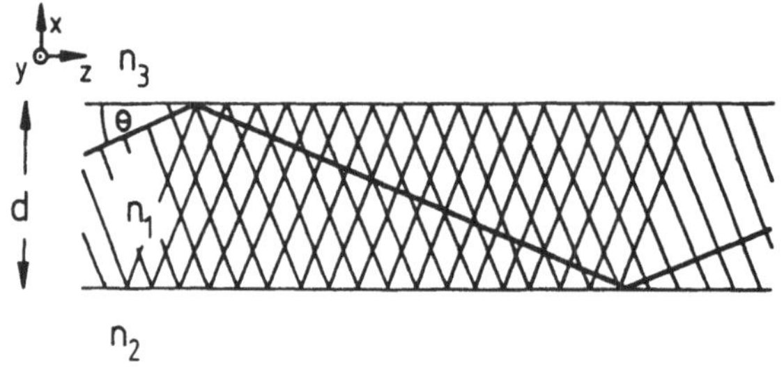

Abbildung 2.2: Wellenfronten im Filmwellenleiter.

Die ebenen Teilwellen wandern mit dem Phasenkoeffizienten $n_1 k$ unter dem Winkel Θ schräg nach oben bzw. nach unten; hierbei ist k die Vakuumwellenzahl $2\pi/\lambda$. Die Phasenänderung der Filmwelle in Ausbreitungsrichtung wird durch die Phasenkonstante β beschrieben, welche als Projektion des Phasenkoeffizienten in z-Richtung durch

$$\beta = n_1 k \cos\Theta \tag{2.8}$$

gegeben ist. Die transversale Phasenänderung wird analog durch den transversalen Phasenkoeffizienten $n_1 k \sin\Theta$ beschrieben, welcher die Projektion des Phasenkoeffizienten $n_1 k$ in x-Richtung darstellt.

Für die Mehrfachreflexionen, die die Vielzahl der Teilwellen auf ihren Zickzackwegen erleiden, ergibt sich nur dann ein einheitliches resultierendes Gesamtfeld, wenn alle Teilwellen trotz ihrer räumlich versetzten Wege konstruktiv interferieren. Dies ist der Fall, wenn sich in transversaler Richtung eine stehende Welle ausbildet, d. h. wenn die gesamte transversale Phasenverschiebung Φ_{ges} einer Teilwelle auf ihrem Weg zwischen zwei Totalreflexionen an Substrat- und Deckschicht ein ganzzahliges Vielfaches von -2π ist. Hierbei setzt sich Φ_{ges} aus dem durch den optischen Weg hinauf und hinab gegebenen transversalen Anteil Φ_x zusammen mit

$$\Phi_x = -2d(n_1 k \sin\Theta) \tag{2.9}$$

und aus den vom Mechanismus der Totalreflexion herrührenden Phasensprüngen φ_2 bzw. φ_3 bei der Reflexion am Substrat bzw. an der Deckschicht. Es muß also gelten

$$\begin{aligned} \Phi_{ges} &= -2dn_1 k \sin\Theta + \varphi_2(n_1, n_2, \Theta) + \varphi_3(n_1, n_2, \Theta) \\ &= -2m\pi \,. \end{aligned} \tag{2.10}$$

Wenn diese Bedingung erfüllt ist, überlagern sich die hin- und herreflektierten Teilwellen zu einer Gesamtwelle, welche in z-Richtung sich mit der Phasenkonstante β fortpflanzt, in der transversalen x-Richtung jedoch eine rein stehende Welle bildet.

Gleichung (2.10) stellt die sogenannte charakteristische Gleichung für Filmwellen dar. Nur ganz bestimmte diskrete Werte für den Winkel Θ erfüllen diese Bedingung; es können nur Wellen geführt werden, welche einen dieser Winkel aufweisen. Mit Gl. (2.8) ergeben sich daraus ebenfalls diskrete Werte für die Phasenkonstante β.

Zur expliziten Auswertung der charakteristischen Gleichung müssen wir die Phasensprünge φ_2 und φ_3 berechnen, welche durch die Totalreflexion an Deckschicht und Substrat entstehen. Hierzu muß die Polarisation des einfallenden Lichts berücksichtigt werden. Liegt der Vektor des elektrischen Feldes in der Ebene der Grenzflächen des Films, d. h. in y-Richtung, so folgt aus den Fresnelschen Formeln

$$\tan\left(\frac{\varphi_i}{2}\right) = \frac{\sqrt{n_1^2 \cos^2\Theta - n_i^2}}{n_1 \sin\Theta} \qquad (i = 2, 3) \tag{2.11}$$

liegt hingegen der Vektor des magnetischen Feldes in y-Richtung, so erhalten wir für die Phasensprünge

$$\tan(\frac{\varphi_i}{2}) = \frac{n_1^2}{n_i^2}\frac{\sqrt{n_1^2\cos^2\Theta - n_i^2}}{n_1\sin\Theta} \qquad (i = 2,3)\,. \tag{2.12}$$

Da sich die Phasensprünge für die beiden Polarisationsrichtungen um den Faktor $(n_1/n_i)^2$ unterscheiden, ergeben sich unterschiedliche Lösungen für β nach Gl. (2.10) für die beiden Fälle. Je geringer die Brechzahldifferenz zwischen Film und Außenmedien ist, umso geringer sind die Unterschiede in den Phasenkonstanten für die beiden Polarisationsrichtungen.

Es soll im folgenden der Fall der Polarisation des $\vec{E}$-Feldvektors in y- Richtung untersucht werden. Setzen wir φ_2 bzw. φ_3 entsprechend Gl. (2.11) ein, so ergibt sich

$$\begin{aligned} 2(n_1 k\sin\Theta)d &= 2\arctan\left(\frac{\sqrt{n_1^2\cos^2\Theta - n_2^2}}{n_1\sin\Theta}\right) \\ &\quad +2\arctan\left(\frac{\sqrt{n_1^2\cos^2\Theta - n_3^2}}{n_1\sin\Theta}\right) + 2m\pi \end{aligned} \tag{2.13}$$

Die linke Seite läßt sich mit Gl. (2.8) durch die Phasenkonstante β ausdrücken

$$2(n_1 k\sin\Theta)d = 2\sqrt{n_1^2k^2 - \beta^2}\,d \tag{2.14}$$

ebenso werden die Argumente der arctan-Funktionen umgeformt

$$\frac{\sqrt{n_1^2\cos^2\Theta - n_i^2}}{n_1\sin\Theta} = \frac{\sqrt{\beta^2 - n_i^2k^2}}{\sqrt{n_1^2k^2 - \beta^2}} \qquad (i = 2,3) \tag{2.15}$$

Damit schreibt sich Gl. (2.13)

$$\begin{aligned} \sqrt{n_1^2k^2 - \beta^2}\,d &= \arctan\left(\frac{\sqrt{\beta^2 - n_2^2k^2}}{\sqrt{n_1^2k^2 - \beta^2}}\right) \\ &\quad +\arctan\left(\frac{\sqrt{\beta^2 - n_3^2k^2}}{\sqrt{n_1^2k^2 - \beta^2}}\right) + m\pi \end{aligned} \tag{2.16}$$

Folgende Abkürzungen sind sehr zweckmäßig und haben sich in der Literatur eingeführt

$$\sqrt{n_1^2k^2 - \beta^2}\, d = u(\beta) \tag{2.17}$$

$$\sqrt{\beta^2 - n_2^2k^2}\, d = v(\beta) \tag{2.18}$$

$$\sqrt{\beta^2 - n_3^2k^2}\, d = w(\beta) \tag{2.19}$$

Mit diesen Abkürzungen wird Gl. (2.16) zu

$$u = \arctan\left(\frac{v}{u}\right) + \arctan\left(\frac{w}{u}\right) + m\pi \tag{2.20}$$

Durch Bildung des Tangens und Anwendung des Additionstheorems für die Winkel ergibt sich

$$\tan(u) = \tan\left(\arctan(\frac{v}{u}) + \arctan(\frac{w}{u})\right) = \frac{\frac{v}{u} + \frac{w}{u}}{1 - \frac{v}{u}\frac{w}{u}} \tag{2.21}$$

was nach weiterer Umformung zur endgültigen charakteristischen Gleichung

$$\tan(u) = u\frac{u + w}{u^2 - vw} \tag{2.22}$$

führt.

Diese Eigenwertgleichung stellt bei fest vorgegebenen Material- und Geometriegrößen n_1, n_2, n_3, d des Filmwellenleiters und bei fest vorgegebener Wellenzahl k eine Bestimmungsgleichung für die Phasenkonstante β dar. Da β nach Gl. (2.8) mit dem Winkel Θ verknüpft ist, wird mit Gl. (2.22) ein endliches Spektrum von möglichen Strahlwinkeln festgelegt.

Wesentliches Ergebnis der strahlenoptischen Betrachtungsweise ist also die Tatsache, daß Lichtwellen in dielektrischen Wellenleitern auf Grund der Bedingungen konstruktiver Interferenz der total reflektierten Teilwellen nur unter ganz bestimmten Winkeln geführt werden können.

2.2 Wellenoptik

Mit Hilfe der geometrischen Betrachtungsweise kann zwar das Spektrum der möglichen Winkel und Phasenkonstanten auf relativ einfache

Weise berechnet werden, jedoch erhält man auf diesem Weg keine Information über die Verteilung des Strahlungsfeldes im Inneren des Wellenleiters. Eine vollständige und exakte Beschreibung der Wellenführung ist erst im Rahmen der klassischen Maxwellschen Theorie möglich. Ausgangspunkt der weiteren Untersuchungen sind daher die Maxwellschen Gleichungen bei Abwesenheit von Ladungen und Strömen in dielektrischen Medien:

$$rot\vec{E} = -\frac{\partial \vec{B}}{\partial t} \tag{2.23}$$

$$rot\vec{H} = \frac{\partial \vec{D}}{\partial t} \tag{2.24}$$

$$div\vec{D} = 0 \tag{2.25}$$

$$div\vec{B} = 0 \tag{2.26}$$

Unter der zusätzlichen Beschränkung auf isotrope, nicht magnetische Materialien bestehen die folgenden Beziehungen zwischen dem elektrischen Feld $\vec{E}$ und der Verschiebungsdichte $\vec{D}$ einerseits sowie dem magnetischen Feld $\vec{H}$ und der magnetischen Induktion $\vec{B}$ andererseits:

$$\vec{D} = \varepsilon_r \varepsilon_0 \vec{E} \tag{2.27}$$

$$\vec{B} = \mu_0 \vec{H} \tag{2.28}$$

Streng gilt Gl. (2.27) nur bei niederen, nicht optischen Frequenzen. Im Bereich des sichtbaren Lichts ist der Verschiebungsvektor $\vec{D}$ maßgeblich durch die Gitterschwingungen des dielektrischen Mediums bestimmt, in dem sich das Licht ausbreitet. Diesen Effekt beschreibt man durch die Einführung des sogenannten Polarisationsvektors $\vec{P}$

$$\vec{D} = \varepsilon_0 \vec{E} + \vec{P} \tag{2.29}$$

Dieser Polarisationsvektor liefert einen frequenzabhängigen Anteil zu einer effektiven dielektrischen Verschiebung. Die Phasengeschwindigkeit v_p von Wellen hängt daher im allgemeinen von der Frequenz ω ab. Nach der Definition des Brechungsindex n als Verhältnis der Lichtgeschwindigkeit im Vakuum c zur Phasengeschwindigkeit v_p im dielektrischen Medium erweist sich auch n als frequenzabhängig:

$$n(\omega) = \frac{c}{v_p(\omega)} \, . \tag{2.30}$$

Bei der Untersuchung technisch interessanter dielektrischer Wellenleiter beschränkt man sich meist auf eine feste Frequenz, z.B. auf die Wellenlänge eines bestimmten Lasers. Man kann daher eine effektive relative Dielektrizitätskonstante $\varepsilon_{r\,eff}$ für diese feste Frequenz einführen, die ihrerseits mit dem Brechungsindex n über die bekannte Beziehung

$$n^2 = \varepsilon_{r\,eff} \tag{2.31}$$

verknüpft ist. Somit können wir für die Gleichungen (2.23) bis (2.26) unter Verwendung des Brechungsindex n schreiben:

$$rot\vec{E} = -\mu_0 \frac{\partial \vec{H}}{\partial t} \tag{2.32}$$

$$rot\vec{H} = n^2 \varepsilon_0 \frac{\partial \vec{E}}{\partial t} \tag{2.33}$$

$$div(n^2 \vec{E}) = 0 \tag{2.34}$$

$$div\vec{H} = 0 \tag{2.35}$$

Da Lichtwellen harmonische Schwingungen sind, können wir das zeitliche Verhalten des elektromagnetischen Strahlungsfelder durch den folgenden Ansatz beschreiben:

$$\vec{E}(x,y,z,t) = \vec{E}(x,y,z)\exp(j\omega t) \tag{2.36}$$

$$\vec{H}(x,y,z,t) = \vec{H}(x,y,z)\exp(j\omega t) \tag{2.37}$$

Damit können die Ableitungen $\partial/\partial t$ in Gl. (2.32) und Gl. (2.33) direkt durchgeführt werden und man erhält

$$rot\vec{E} = -j\omega\mu_0\vec{H} \tag{2.38}$$

$$rot\vec{H} = j\omega n^2 \varepsilon_0 \vec{E} \tag{2.39}$$

Dieses Gleichungssystem stellt die Basis dar für alle weiteren Rechnungen. Für die verschiedenen Formen optischer Wellenleiter sind zusätzlich die speziellen geometrischen Verhältnisse und sogenannte Randbedingungen zu berücksichtigen. Während beispielsweise bei Hohlleitern mit sehr gut leitenden Wänden die Bedingung auftaucht, daß die tangentiale elektrische Feldkomponente auf der metallischen Oberfläche verschwindet, müssen beim dielektrischen Wellenleiter mit Brechzahlsprüngen Stetigkeitsbedingungen der tangentialen Feldkomponenten von $\vec{E}$ und $\vec{H}$ an den Grenzflächen der Brechsprünge erfüllt werden.

Durch elementare Überlegungen gewinnt man aus den Rotorgleichungen (2.32) und (2.33) Stetigkeitsbedingungen für die Tangentialkomponenten $\vec{E}_t$, $\vec{H}_t$ an der Trennfläche zweier verschiedener dielektrischer Medien mit den Brechzahlen n_1 und n_2

$$\vec{E}_t(n_1) = \vec{E}_t(n_2) \tag{2.40}$$
$$\vec{H}_t(n_1) = \vec{H}_t(n_2) \tag{2.41}$$

und aus den Divergenzbeziehungen von Gl. (2.34) und Gl. (2.35) Stetigkeitsforderungen für die auf den Trennflächen senkrecht stehenden Normalkomponenten $\vec{E}_n$, $\vec{E}_n$

$$n_1^2\vec{E}_n(n_1) = n_2^2\vec{E}_n(n_2) \tag{2.42}$$
$$\vec{H}_n(n_1) = \vec{H}_n(n_2) \tag{2.43}$$

Bei Wellenausbreitung in ladungsfreien dielektrischen Medien gehen die Normalkomponenten automatisch stetig ineinander über, wenn die Stetigkeitsbedingungen für die Tangentialkomponenten erfüllt sind. Dies folgt aus der Tatsache, daß im vorliegenden Fall die Divergenzbeziehungen von Gl. (2.34) und Gl. (2.35) keine unabhängigen Gleichungen sind, sondern sich direkt aus den Rotor-Gleichungen (2.38) und Gl. (2.39) herleiten lassen, indem man auf diese den Divergenzoperator wirken läßt. Man erhält auf diese Weise

$$div\, rot\vec{E} = 0 = -j\omega\mu_0\, div\vec{H} \tag{2.44}$$
$$div\, rot\vec{H} = 0 = j\omega\varepsilon_0\, div(n^2\vec{E}) \tag{2.45}$$

woraus sich sofort Gl. (2.34) und Gl. (2.35) ergeben. Da daraus aber die Stetigkeitsforderungen für die Normalkomponenten folgen, beinhaltet dies die mathematische Äquivalenz der beiden Stetigkeitsbedingungen für Tangential- und Normalkomponenten. Um eine Überbestimmung in den Gleichungssystemen zu vermeiden, werden daher im weiteren Feldanpassungen an Grenzflächen nur an den Tangentialkomponenten vorgenommen.

2.2.1 Filmwellenleiter mit Stufenindex-Profil

Wegen seiner einfachen Berechenbarkeit soll wieder zunächst der Spezialfall eines dünnen dielektrischen Films untersucht werden, welcher wie in Abb. 2.3 gezeigt beidseitig durch unendlich ausgedehnte, verlustlose dielektrische Schichten begrenzt ist.

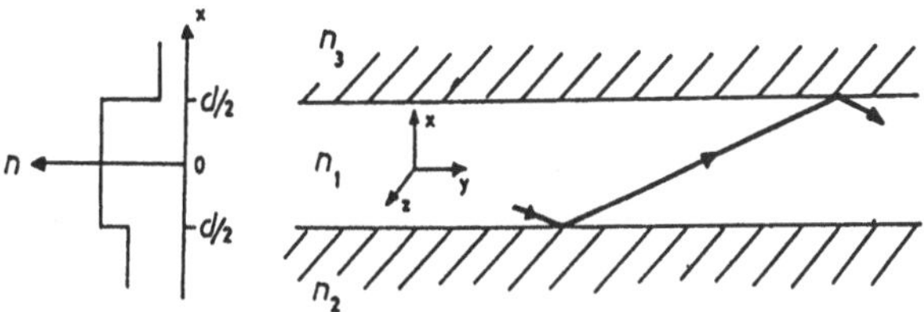

Abbildung 2.3: Brechzahlverlauf und Lichtführung im Filmwellenleiter mit Stufenindexprofil.

Die Wellenführung erfolgt im inneren Medium mit dem räumlich konstanten Brechungsindex n_1 durch Totalreflexion an den Grenzflächen bei x = d/2 und x = -d/2. Es müssen daher die Brechzahlen der äußeren Medien n_2 und n_3 kleiner als n_1 sein. Ohne Beschränkung der Allgemeinheit wird die Relation

$$n_1 > n_2 \geq n_3 \tag{2.46}$$

vorausgesetzt.

2.2.1.1 Wellengleichung und Randwertproblem

Je nach der Lage der Polarisationsebene der im Filmwellenleiter geführten Welle kann man zwei voneinander unabhängige, entkoppelte Grundtypen von Lichtwellen unterscheiden. Der eine Typ ist der transversalelektrische Mode, der sog. TE-Mode, bei dem der E-Feldvektor ausschließlich in der durch die Grenzflächen zwischen innerem und äußerem Medium definierten Ebene liegt. Da er keine elektrische Feldkomponente in Ausbreitungsrichtung aufweist ($E_z = 0$), wohl aber eine H_z-Komponente, heißt er auch H-Mode. Zum anderen gibt es den transversal-magnetischen Mode (TM-Mode), der keine magnetische Feldkomponente in Ausbreitungsrichtung aufweist ($H_z = 0$), dafür aber eine E_z-Komponente besitzt, und darum auch E-Mode genannt wird.

Beide Moden weisen jeweils nur drei Feldkomponenten auf: der TE-Mode das Tripel (E_y, H_x, H_z), der TM-Mode das Tripel (H_y, E_x, E_z). Im folgenden soll der Mechanismus der Wellenführung am Beispiel der TE-Moden dargestellt werden. Ausgangspunkt sind die Rotorbeziehungen von Gl. (2.38) und Gl. (2.39), welche in kartesischen Koordinaten lauten

$$-\frac{\partial E_y}{\partial z} + \frac{\partial E_z}{\partial y} = -j\omega\mu_0 H_x \tag{2.47}$$

$$-\frac{\partial E_z}{\partial x} + \frac{\partial E_x}{\partial z} = -j\omega\mu_0 H_y \tag{2.48}$$

$$-\frac{\partial E_x}{\partial y} + \frac{\partial E_y}{\partial x} = -j\omega\mu_0 H_z \tag{2.49}$$

$$-\frac{\partial H_y}{\partial z} + \frac{\partial H_z}{\partial y} = +j\omega n^2\varepsilon_0 E_x \tag{2.50}$$

$$-\frac{\partial H_z}{\partial x} + \frac{\partial H_x}{\partial z} = +j\omega n^2\varepsilon_0 E_y \tag{2.51}$$

$$-\frac{\partial H_x}{\partial y} + \frac{\partial H_y}{\partial x} = +j\omega n^2\varepsilon_0 E_z \tag{2.52}$$

Unter der Annahme einer ausschließlichen Wellenausbreitung in z-Richtung erstreckt sich das Wellenfeld wegen der unendlichen Ausdehnung des Wellenleiters in y-Richtung homogen unendlich weit in diese Richtung. Die Gleichungen sind daher unabhängig von der y-Koordinate; es verschwinden alle Glieder, die Ableitungen $\partial/\partial y$ enthalten. Setzt man daher alle Ableitungen $\partial/\partial y$ gleich Null und berücksichtigt beim TE-Mode nur die E_y-Komponente ($E_x = 0,\ E_z = 0$), so reduzieren sich die Gln. (2.47) - (2.52) auf

$$-\frac{\partial E_y}{\partial z} = -j\omega\mu_0 H_x \tag{2.53}$$

$$+\frac{\partial E_y}{\partial x} = -j\omega\mu_0 H_z \tag{2.54}$$

$$-\frac{\partial H_z}{\partial x} + \frac{\partial H_x}{\partial z} = +j\omega n^2\varepsilon_0 E_y \tag{2.55}$$

Da die gesuchten Lösungen Feldern entsprechen sollen, die sich wellenförmig in z-Richtung fortpflanzen, können sie durch den Ansatz

$$\vec{E}(x,z,t) = \vec{E}(x)\exp[j(\omega t - \beta z)] \tag{2.56}$$

$$\vec{H}(x,z,t) = \vec{H}(x)\exp[j(\omega t - \beta z)] \tag{2.57}$$

beschrieben werden. Der Zeitfaktor $\exp(j\omega t)$ wurde bereits berücksichtigt. Neu hinzugekommen ist der die Wellenausbreitung in z-Richtung charakterisierende Term $\exp(-j\beta z)$, wobei die im verlustfreien Medium reelle Phasenkonstante β wieder der Projektion des Wellenzahlvektors $|n\vec{k}| = n2\pi/\lambda$ (λ=Vakuumwellenlänge) auf die z-Achse entspricht. Die Phasenkonstante ist nach Gl.(2.56) bzw. Gl. (2.57) ein Maß für die Phasengeschwindigkeit der sich in z-Richtung ausbreitenden Welle mit

$$v_p = \frac{\omega}{\beta} \tag{2.58}$$

Mit Gl.(2.56) bzw. Gl. (2.57) können die Ableitungen $\partial/\partial z$ in den Gln.(2.53)-(2.55) explizit durchgeführt werden, und es ergibt sich

$$+j\beta E_y = -j\omega\mu_0 H_x \tag{2.59}$$

$$+\frac{\partial E_y}{\partial x} = -j\omega\mu_0 H_z \tag{2.60}$$

$$-\frac{\partial H_z}{\partial x} - j\beta H_x = +j\omega n^2\varepsilon_0 E_y \tag{2.61}$$

Setzt man in Gl. (2.61) die Ausdrücke für H_x und H_z entsprechend Gl. (2.59) und Gl.(2.60) ein, so erhält man

$$-\frac{\partial}{\partial x}\left(\frac{j}{\omega\mu_0}\frac{\partial E_y}{\partial x}\right) - j\beta\left(-\frac{\beta}{\omega\mu_0}E_y\right) = j\omega n^2\varepsilon_0 E_y \tag{2.62}$$

oder

$$\frac{\partial^2 E_y}{\partial x^2} - (\beta^2 - \omega^2 n^2\varepsilon_0\mu_0)E_y = 0 \tag{2.63}$$

Unter Verwendung der Vakuumwellenzahl k ergibt sich wegen

$$\omega^2 \varepsilon_0 \mu_0 = \frac{\omega^2}{c^2} = \left(\frac{2\pi}{\lambda}\right)^2 = k^2 \tag{2.64}$$

schließlich die endgültige Form der Wellengleichung

$$\frac{\partial^2 E_y}{\partial x^2} + (n^2 k^2 - \beta^2) E_y = 0 \tag{2.65}$$

Hat man mit Hilfe der Lösung dieser Differentialgleichung E_y bestimmt, so sind über die Gln.(2.59)-(2.60) die Komponenten des magnetischen Feldes H_x und H_y eindeutig bestimmt:

$$H_x = -\frac{\beta}{k}\sqrt{\frac{\varepsilon_0}{\mu_0}}\, E_y \tag{2.66}$$

$$H_z = \frac{j}{k}\sqrt{\frac{\varepsilon_0}{\mu_0}}\, \frac{\partial Ey}{\partial x}\,. \tag{2.67}$$

Hierbei wurde die Umformung

$$\frac{1}{\omega\mu_0} = \frac{c}{\omega}\frac{1}{c\mu_0} = \frac{1}{k}\frac{\sqrt{\varepsilon_0\mu_0}}{\mu_0} = \frac{1}{k}\sqrt{\frac{\varepsilon_0}{\mu_0}} \tag{2.68}$$

verwendet, wobei der Term $\sqrt{\mu_0/\varepsilon_0}$ die Dimension eines ohmschen Widerstands mit den Wert von $376,730\Omega$ besitzt und als Feld-Wellenwiderstand des Vakuums bezeichnet wird.

Die Lösungen der Wellengleichung (2.65), einer Differentialgleichung 2. Ordnung für E_y als Funktion von x, sind die Sinus- und Cosinus-Funktionen für einen positiven Wert des Terms $(n^2k^2 - \beta^2)$ bzw. die reellen Exponential-Funktionen für einen negativen Wert. Eine Führung der Wellen im Film, d.h. verschwindende Felder für $x \to \pm\infty$, liegt dann vor, wenn die Lösungen der Wellengleichung in beiden Außengebieten exponentiell abfallen. Daraus folgt mit $n_2 > n_3$ der mögliche Wertebereich für die Phasenkonstante β

$$n_1 k > \beta > n_2 k \tag{2.69}$$

Dies ist genau der Bereich, der sich im Rahmen der strahlenoptischen Näherung als Bedingung für das Unterschreiten des Grenzwinkels der

Totalreflexion an den Filmrändern ergeben hatte. Die Lösungen für die drei Bereiche lauten explizit

$$E_{y2} = C\exp\left[\tfrac{v}{d}(x+d/2)\right] \quad \textit{für} \;\; x \le -d/2 \tag{2.70}$$

$$E_{y1} = A\cos(\tfrac{u}{d}x) + B\sin(\tfrac{u}{d}x) \quad \textit{für} \;\; -d/2 \le x \le d/2 \tag{2.71}$$

$$E_{y3} = C\exp\left[-\tfrac{w}{d}(x-d/2)\right] \quad \textit{für} \;\; x \ge d/2 \tag{2.72}$$

mit den Abkürzungen

$$u = \sqrt{n_1^2k^2-\beta^2}\,d \tag{2.73}$$

$$v = \sqrt{\beta^2-n_2^2k^2}\,d \tag{2.74}$$

$$w = \sqrt{\beta^2-n_3^2k^2}\,d \tag{2.75}$$

Die Einschränkung von β auf den durch Gl. (2.69) definierten Bereich gewährleistet, daß die Wurzelausdrücke in den Gln. (2.73)-(2.75) reell bleiben. Die Tangentialkomponente des magnetischen Feldes H_z ergibt sich nach Gl. (2.67) aus E_y

$$H_{z2} = (j\frac{v}{d}\frac{1}{k}\sqrt{\frac{\varepsilon_0}{\mu_0}})\,C\exp\left[\frac{v}{d}(x+d/2)\right] \quad \textit{für} \;\; x \le -d/2 \tag{2.76}$$

$$H_{z1} = (j\frac{u}{d}\frac{1}{k}\sqrt{\frac{\varepsilon_0}{\mu_0}})\left(-A\cos(\frac{u}{d}x) + B\sin(\frac{u}{d}x)\right) \quad \textit{für} \;\; -d/2 \le x \le d/2 \tag{2.77}$$

$$H_{z3} = -(j\frac{w}{d}\frac{1}{k}\sqrt{\frac{\varepsilon_0}{\mu_0}})\,D\exp\left[\frac{w}{d}(x-d/2)\right] \quad \textit{für} \;\; x \ge d/2 \tag{2.78}$$

Unbekannt sind zunächst die vier Koeffizienten A, B, C und D. Diese werden festgelegt durch die vier Gleichungen, die sich aus der Forderung der Stetigkeit der Tangentialkomponenten an den Grenzen $x = -d/2$ und $x = d/2$ ergeben. Sie lauten für E_y- und H_z-Komponenten

$$E_{y2}(x=-d/2) = E_{y1}(x=-d/2) \tag{2.79}$$

$$E_{y3}(x=d/2) = E_{y1}(x=d/2) \tag{2.80}$$

$$H_{z2}(x=-d/2) = H_{z1}(x=-d/2) \tag{2.81}$$

$$H_{z3}(x=d/2) = H_{z1}(x=d/2) \tag{2.82}$$

Durch Einsetzen von E_z und H_z entsprechend den Gln. (2.70) - (2.78) mit $x = \pm d/2$ erhalten wir das lineare, homogene Gleichungssystem

$$\begin{aligned} \cos(-u/2)A + \sin(-u/2)B - C &= 0 \qquad (2.83)\\ \cos(u/2)A + \sin(u/2)B - D &= 0 \qquad (2.84)\\ -u\sin(-u/2)A + u\cos(-u/2)B - vC &= 0 \qquad (2.85)\\ -u\sin(u/2)A + u\cos(u/2)B + wD &= 0 \qquad (2.86) \end{aligned}$$

welches für die Koeffizienten A, B, C, D nur dann eine nicht triviale Lösung besitzt, wenn die Determinante verschwindet:

$$\begin{vmatrix} \cos(-u/2) & \sin(-u/2) & -1 & 0 \\ \cos(u/2) & \sin(u/2) & 0 & -1 \\ -u\sin(-u/2) & u\cos(-u/2) & -v & 0 \\ -u\sin(u/2) & u\cos(u/2) & 0 & +w \end{vmatrix} = 0 \qquad (2.87)$$

Dies ist die Eigenwertgleichung für die Phasenkonstante, welche wegen $u = u(n_1, k, d, \beta)$, $v = v(n_2, k, d, \beta)$, $w = w(n_3, k, d, \beta)$ es erlaubt, β als Funktion der durch n_1, n_2, n_3 und d charakterisierten Wellenleitergeometrie und der Wellenzahl k zu berechnen. Nur für ganz spezielle diskrete Werte von β wird die Determinante zu Null. Jedem dieser durch den Index p gekennzeichneten β_p mit $\beta_p > \beta_{p+1}$ für jedes p korrespondiert eine bestimmte Lösung der Koeffizienten A_p, B_p, C_p, D_p, was zu einer für jedes β_p charakteristischen Feldkonfiguration entsprechend den Gln. (2.70) - (2.78) führt. Eine wesentliche Eigenschaft (nichtentarteter) homogener linearer Gleichungssysteme ist es, daß die Lösungen ihrer Unbekannten nur bis auf eine willkürliche Konstante bestimmt sind. Es läßt sich daher der Wert einer willkürlich herausgegriffenen Unbekannten frei wählen, wobei sich dann die restlichen Unbekannten als Funktion dieses Wertes ergeben. Im vorliegenden Fall können wir beispielsweise für ein spezielles aus Gl. (2.87) bestimmtes β_p die zugehörigen Koeffizienten A_p, B_p und C_p als Funktion des frei gewählten Koeffizienten D_p aus dem Gleichungssystem (2.83) - (2.86) berechnen. Zu diesem Zweck formen wir das System unter Weglassen einer redundanten Zeile um in ein inhomogenes Gleichungssystem und erhalten mit

$u_p = u(\beta_p)$, $v_p = v(\beta_p)$ und $w_p = w(\beta_p)$

$$\begin{pmatrix} \cos(u_p/2) & \sin(u_p/2) & 0 \\ -u_p\sin(-u_p/2) & u_p\cos(-u_p/2) & -v_p \\ -u_p\sin(u_p/2) & u_p\cos(u_p/2) & 0 \end{pmatrix} \begin{pmatrix} A_p \\ B_p \\ C_p \end{pmatrix} = -D_p \begin{pmatrix} -1 \\ 0 \\ w_p \end{pmatrix} \tag{2.88}$$

Die Lösung der Eigenwertgleichung (2.87) in Gestalt einer Nullstellensuche der Determinante bezüglich β und die Berechnung der Koeffizienten der Felder A, B, C, D nach Gl. (2.88) wird man im allgemeinen auf numerischem Wege durchführen. Die Manipulation von Matrizen und Determinanten gehört inzwischen zum Standard käuflicher Software. Der wesentliche Vorteil der hier gewählten Darstellung mit Hilfe von Matrizen liegt in deren einfacher Struktur, welche es gestattet, auch komplizierteste Mehrfachsprungprofile auf genau die gleiche Weise wie im vorliegenden Fall zu berechnen, indem lediglich entsprechend der Anzahl der Brechzahlsprünge mehr Glieder in die Matrizen aufgenommen werden müssen. Ein Brechzahlprofil mit m Sprüngen entlang der x-Achse wird dementsprechend durch ein homogenes Gleichungssystem analog zu Gln. (2.83) - (2.86) beschrieben, welches dann durch eine $(2m)$x$(2m)$-Matrix repräsentiert wird.

Im vorliegenden Beispiel kann die Determinante noch relativ einfach analytisch aufgelöst werden. Entwickelt man sie nach ihrer letzten Spalte, so ergibt sich

$$\begin{vmatrix} \cos(-u/2) & \sin(-u/2) & -1 \\ -u\sin(-u/2) & u\cos(-u/2) & -v \\ -u\sin(u/2) & u\cos(u/2) & 0 \end{vmatrix} - w \begin{vmatrix} \cos(-u/2) & \sin(-u/2) & -1 \\ \cos(u/2) & \sin(u/2) & 0 \\ -u\sin(u/2) & u\cos(u/2) & -v \end{vmatrix} = 0 \tag{2.89}$$

Durch weiteres Auflösen nach den letzten Spalten und Umformen der Sinus- und Cosinus-Funktionen bezüglich positiver Argumente wird daraus

$$-\begin{vmatrix} u\sin(u/2) & u\cos(u/2) \\ -u\sin(u/2) & u\cos(u/2) \end{vmatrix} + v \begin{vmatrix} \cos(u/2) & -\sin(u/2) \\ -u\sin(u/2) & u\cos(u/2) \end{vmatrix}$$

$$+ w \begin{vmatrix} \cos(u/2) & \sin(u/2) \\ u\sin(u/2) & u\cos(u/2) \end{vmatrix} + wv \begin{vmatrix} \cos(u/2) & -\sin(u/2) \\ \cos(u/2) & \sin(u/2) \end{vmatrix} = 0 \tag{2.90}$$

Ausmultiplizieren und Zusammenfassen der Glieder liefert

$$-2(u^2 - vw)\sin(u/2)\cos(u/2) - u(v+w)\left(\sin^2(u/2) - \cos^2(u/2)\right) = 0 \tag{2.91}$$

welches sich mit den Regeln für Produkte und Quadrate trigonometrischer Funktionen verkürzen läßt zu

$$-(u^2 - vw)\sin(u) + u(v+w)\cos(u) = 0 \tag{2.92}$$

Daraus ergibt sich schließlich der einfache Ausdruck für die der Gl. (2.87) äquivalenten Eigenwertgleichung

$$\tan(u) = u\frac{v+w}{u^2 - vw} \tag{2.93}$$

Diese Form der Eigenwertgleichung für die Phasenkonstante β ist identisch mit Gl. (2.22) aus Kapitel 2.1, welche dort auf dem Boden der strahlenoptischen Näherung gewonnen wurde.

2.2.1.2 Moden

Die Lösung der Eigenwertgleichung (2.87) bzw. (2.93) hat zu ganz bestimmten diskreten Werten β_p für die Phasenkonstante geführt. Jedem dieser β_p korrespondiert eine bestimmte Feldverteilung im Wellenleiter entsprechend den Gln. (2.70)-(2.78). In Abb. 2.4 sind die transversalen Feldverteilungen der niedersten H_p-Moden (TE-Moden) gezeigt.

Es sollen drei wesentliche Eigenschaften deutlich gemacht werden, welche allen Moden dielektrischer Wellenleitern zu eigen sind. Erstens wird die Welle auf der Seite des größeren Brechzahlsprungs, hier bei $x = +d/2$, besser vom Film geführt als auf der anderen Seite. Der Grund liegt darin, daß für die Größen v und w in den Exponentialfunktionen der Felder des Außenraumes entsprechend den Gln. (2.70) und (2.71) wegen $n_2 > n_3$ die Relation $v < w$ gilt, was zur Folge hat, daß im Medium n_3 die Felder schneller exponentiell abfallen als im Medium n_2. Die zweite grundlegende Eigenschaft dielektrischer Wellenleiter besteht darin, daß die Feldverteilung jedes E_p- bzw. H_p-Modes im Filminneren einen Knoten mehr aufweist als die des Modes niedrigerer Ordnung E_{p-1} bzw. H_{p-1}. Der Index p gibt also die Anzahl der Knoten des jeweiligen Modes an. Die Intensitätsverteilung der Strahlung im Wellenleiter

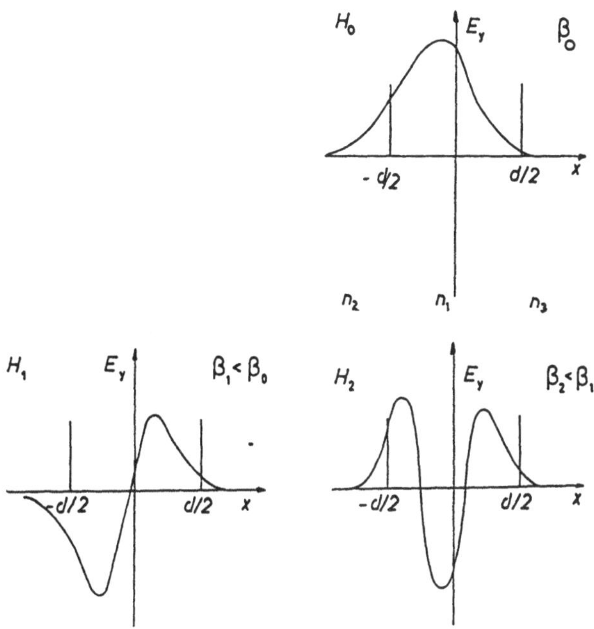

Abbildung 2.4: Qualitativer Verlauf der Feldstärke der Transversalkomponente E_y über den Querschnitt des unsymmetrischen Filmwellenleiters ($n_1 > n_2 > n_3$) für H_p-Moden

ist demnach keineswegs homogen verteilt, sondern weist im allgemeinen ein komplexes Muster über den Querschnitt auf. Als drittes Charakteristikum gilt die Tatsache, daß jeder höhere Mode schlechter geführt wird als seine Vorgänger niedrigerer Ordnung, da wegen $\beta_p > \beta_{p+1}$ die Beziehungen $v_p > v_{p+1}$ bzw. $w_p > w_{p+1}$ gelten, welche mit wachsendem p immer weiter ins Außenmedium reichende Exponentialverläufe der Felder zur Folge haben.

Wir können bei den Filmwellenleitern zwei Arten unterscheiden, nämlich den unsymmetrischen Typ mit der Relation $n_1 > n_2 > n_3$ und den symmetrischen Typ mit $n_1 > n_2 = n_3$. Letzterer weist bereits eine ganze Reihe von Gemeinsamkeiten mit der Glasfaser mit Stufenindexprofil auf.

a) Wellenführung im unsymmetrischen Film Hier gilt die allgemeine Form der Eigenwertgleichung

$$\tan(u) = u\frac{v+w}{u^2 - vw} \tag{2.94}$$

Mit Hilfe der Definitionsgleichungen (2.73) - (2.75) für u, v und w kann man v und w so umformen, daß sie durch u und durch die nur von der Wellenleitergeometrie abhängigen Größen V_v bzw. V_w ausgedrückt werden, nämlich

$$v^2(\beta) = V_v^2 - u^2(\beta) \tag{2.95}$$
$$w^2(\beta) = V_w^2 - u^2(\beta) \tag{2.96}$$

mit

$$V_v^2 = (n_1^2 - n_2^2)k^2d^2 \tag{2.97}$$
$$V_w^2 = (n_1^2 - n_3^2)k^2d^2 \tag{2.98}$$

wobei $V_v < V_w$ wegen $n_2 > n_3$ gilt. Damit wird die Eigenwertgleichung (2.94) zu

$$\tan(u) = u\frac{\sqrt{V_v^2 - u^2} + \sqrt{V_w^2 - u^2}}{u^2 - \sqrt{V_v^2 - u^2}\sqrt{V_w^2 - u^2}} \equiv F(u)\,. \tag{2.99}$$

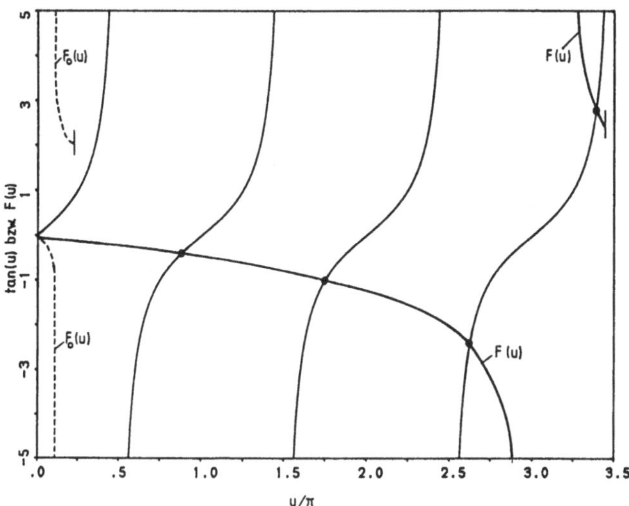

Abbildung 2.5: Die Eigenwerte des unsymmetrischen Filmwellenleiters in graphischer Darstellung für $n_1 > n_2 > n_3$.

In Abb.2.5 sind die Verläufe $\tan(u)$ und $F(u)$ als Funktion von u aufgetragen, wobei die genaue Form von $F(u)$ natürlich vom jeweilig betrachteten Wellenleiter abhängt. Die möglichen Eigenwerte $u(\beta)$ und damit β erhält man aus den Schnittpunkten der beiden Kurven. Bemerkenswert ist der Umstand, daß die Kurve $F(u)$ nur für $u < V_v$ existiert. Bei größeren u-Werten wird der Ausdruck $\sqrt{V_v^2 - u^2}$ in $F(u)$ imaginär. Die Zahl der Schnittpunkte und damit die Anzahl der geführten Filmwellen ist begrenzt und umso kleiner, je kleiner V_v und damit die Brechzahldifferenz $n_1 - n_2$ ist. Das Ende der $F(u)$- Kurve kann beim unsymmetrischen Film schon so früh einsetzen, daß überhaupt kein Schnittpunkt mit der Schar der $\tan(u)$-Kurven mehr eintritt. Dieser Fall ist durch die gestrichelt gezeichnete Kurve $F_0(u)$ in Abb. 2.5 dargestellt. Im Beispiel der ungestrichelt gezeichneten Kurve $F(u)$ gibt es vier Schnittpunkte mit dem $\tan(u)$-Kurven; es können in diesem Fall also vier TE- Moden geführt werden.

b) Wellenführung im symmetrischen Film Beim symmetrischen Filmwellenleiter sind die Brechzahlen der äußeren Medien gleich ($n_2 = n_3$), weshalb hier $w = v$ bzw. $V_w = V_v$ gilt. Der Einfachheit halber wird im folgenden V ohne Index geschrieben ($V \equiv V_v$). Im Gegensatz zum unsymmetrischen Film existiert immer wenigstens ein Eigenwert. Es endet die $F(u)$-Kurve immer auf der u-Achse, wodurch die Existenz wenigstens eines Schnittpunktes mit der $\tan(u)$-Kurve gewährleistet ist.

Mit $v = w$ ergibt sich aus Gl. (2.94) die einfachere neue Eigenwertgleichung

$$\tan(u) = u\frac{2v}{u^2 - v^2} \tag{2.100}$$

Für v ist das eine quadratische Gleichung mit den beiden Lösungen

$$v = u\tan(\frac{u}{2}) \qquad (symmetrisch) \tag{2.101}$$

und

$$v = -u\cot(\frac{u}{2}) \qquad (antisymmetrisch) \tag{2.102}$$

Die bisher für den Fall von TE-Moden mit den Feldkomponenten E_y, H_x, H_z durchgeführten Rechnungen lassen sich auf ganz analoge Weise auch für TM- Moden durchführen. Bei letzteren führt eine entsprechende Rechnung mit den Feldkomponenten H_y, E_x, E_z zu den Eigenwertgleichungen

$$v = \frac{n_2^2}{n_1^2} u \tan \frac{u}{2} \qquad (symmetrisch) \tag{2.103}$$

und

$$v = -\frac{n_2^2}{n_1^2} u \cot \frac{u}{2} \qquad (antisymmetrisch) \tag{2.104}$$

Die Eigenwertgleichungen der TE- und TM-Moden sind also bei kleinen Brechzahlunterschieden zwischen Kern und Mantel ($n_1 \approx n_2$) praktisch gleich, was zu nahezu identischen Phasenkonstanten für die beiden Polarisationsrichtungen führt. Die weiteren Betrachtungen sollen sich daher weiterhin auf den Fall der TE-Moden beschränken.

Lösungen von Gl. (2.101) werden als symmetrische, die von Gl. (2.102) als antisymmetrische H_p-Wellen (TE-Moden) bezeichnet. Die Kennzeichnung "symmetrisch"bzw. "antisymmetrisch" beziehen sich dabei auf den Charakter der Feldverteilung über den Wellenleiterquerschnitt. So enthält die Beschreibung der Felder im Wellenleiterkern im symmetrischen Fall nur die Cosinus-Funktion, im antisymmetrischen Fall nur die Sinus-Funktion. In Analogie dazu bezeichnet man die Wellentypen der TM-Moden nach Gl. (2.103) bzw. Gl. (2.104) als symmetrische bzw. antisymmetrische E_p-Wellen.

Zur Bestimmung der Eigenwerte aus den Gln. (2.101) - (2.102) drückt man die Größe v mit Hilfe von Gl. (2.95) durch u aus und erhält so mit

$$v^2 = V^2 - u^2 \tag{2.105}$$

für die Eigenwertgleichungen

$$\sqrt{V^2 - u^2} = u \tan(\frac{u}{2}) \qquad (symmetrisch) \tag{2.106}$$

$$\sqrt{V^2 - u^2} = -u \cot(\frac{u}{2}) \qquad (antisymmetrisch) \tag{2.107}$$

die neben der alleine von der Wellenleitergeometrie bestimmten normierten Frequenz V nur noch von der Größe u und damit von der Phasenkonstanten β als freier Variablen abhängen.

Die Eigenwerte von Gl. (2.106) bzw. Gl. (2.107) sind in Abb. 2.6 bzw. 2.7 dargestellt als Schnittpunkte der Kurven $u\tan(u/2)$ bzw. $-u\cot(u/2)$ mit der Kurve $\sqrt{V^2-u^2}$. Die letztere stellt einen Kreisbogen um den Ursprung mit dem Radius V dar.

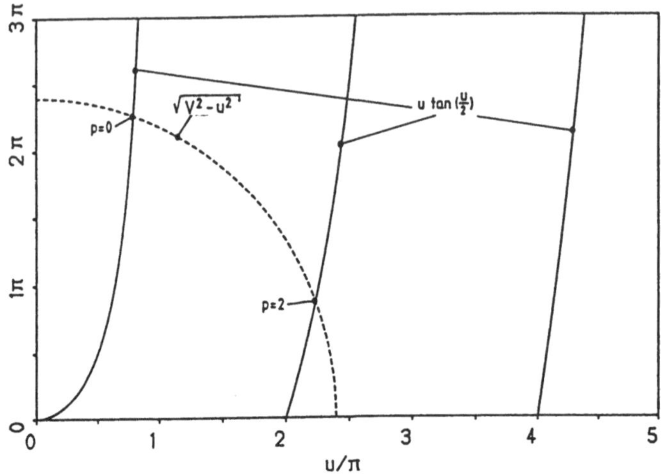

Abbildung 2.6: Graphische Darstellung der Gleichung $\sqrt{V^2-u^2} = u\tan(u/2)$ für die symmetrischen H_p- Moden des symmetrischen Filmwellenleiters

Wie Abb. 2.6 zeigt, gibt es immer mindestens einen Schnittpunkt zwischen $u\tan(u/2)$ und $\sqrt{V^2-u^2}$, gleichgültig, wie gering der Durchmesser V des Kreises ist. Der symmetrische Filmwellenleiter besitzt damit Wellenführungseigenschaften auch bei beliebig großen Wellenlängen. Allerdings erstrecken sich die Felder solch eines langwelligen Modes so weit in die äußeren Medien hinein, daß schon kleine Störungen der bisher als ideal angenommenen Wellenleitergeometrie, wie z.B. Verbiegungen, ausreichen, um ihn zum Abstrahlen anzuregen und somit zu

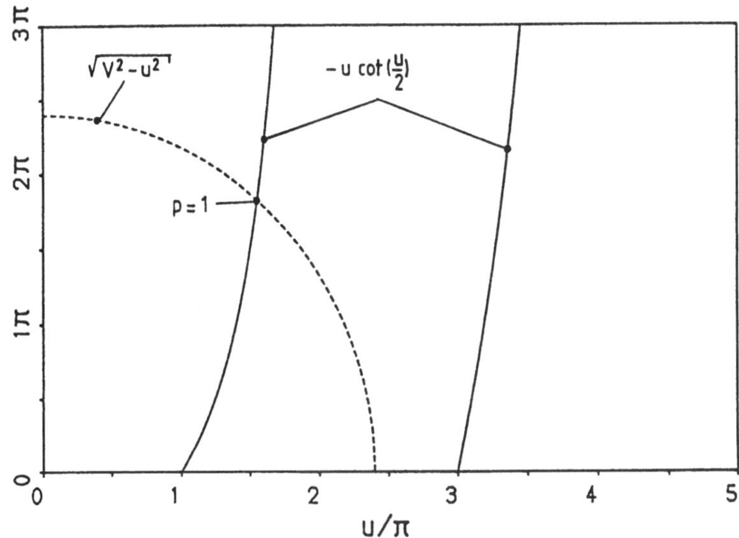

Abbildung 2.7: Graphische Darstellung der Gleichung $\sqrt{V^2 - u^2} = -u \cot(u/2)$ für die antisymmetrischen H_p– Moden des symmetrischen Filmwellenleiters

dämpfen.

Der Grundmode ist durch den ersten Kurvenschnittpunkt $p = 0$ von Abb. 2.6 gekennzeichnet. Verglichen mit den höheren Moden weist er den kleinstmöglichen Wert für u und damit entsprechend der Definition

$$u = \sqrt{n_1^2 k^2 - \beta^2}\, d \tag{2.108}$$

den größtmöglichen Wert für β auf. Im strahlenoptischen Bild entspricht er denjenigen Elementarwellen, welche den gestrecktesten der möglichen Zickzackwege im Wellenleiter entlanglaufen.

Eine übersichtliche Zusammenfassung der optischen Übertragungseigenschaften des Filmwellenleiters erhält man mit Hilfe der sog. Phasenkurve. In dieser Darstellung wird anstelle von β das daraus abgeleitete normierte Phasenmaß B mit

$$B = \frac{v^2}{V^2} = \frac{\beta^2/k^2 - n_1^2}{n_1^2 - n_2^2} \tag{2.109}$$

als Funktion der normierten Frequenz $V = \sqrt{n_1^2 - n_2^2}\, kd$ aufgetragen. Das Phasenmaß ist ebenso wie V eine dimensionslose Größe und reduziert sich im Falle schwacher Führung $(n_1 - n_2) \ll 1$ zu

$$B = \frac{(\beta/k - n_1)(\beta/k + n_2)}{(n_1 - n_2)(n_1 + n_2)} \approx \frac{(\beta/k - n_2)}{n_1 - n_2} \tag{2.110}$$

Ein wesentlicher Vorzug der solchermaßen definierten Phasenkurve besteht in ihrer Eigenschaft, unabhängig von den tatsächlichen Brechzahlen und Dicken individueller Filmwellenleiter zu sein. Auf Grund dieser invarianten Struktur beinhaltet eine Phasenkurve die Information des Ausbreitungsverhaltens des ihr zugeordneten Modes für alle Variationen von n_1, n_2 und d. In Abb. 2.8 sind die Phasenkurven der ersten Moden des schwach führenden, symmetrischen Filmwellenleiters dargestellt.

Wegen der vorausgesetzten sehr kleinen Brechzahlunterschiede zwischen n_1 und n_2 (schwache Führung) fallen die Phasenkurven der E_p- bzw. H_p- Moden aufeinander. Der Grundmode E_0 bzw. H_0 beginnt bei $V \rightarrow 0$ mit $B \rightarrow 0$ zu laufen, d.h. $\beta \rightarrow n_2 k$. Seine Felder erstrecken sich weit in das äußere Medium und werden hauptsächlich von dessen Brechzahl n_2 beeinflußt. Mit abnehmender Wellenlänge und damit

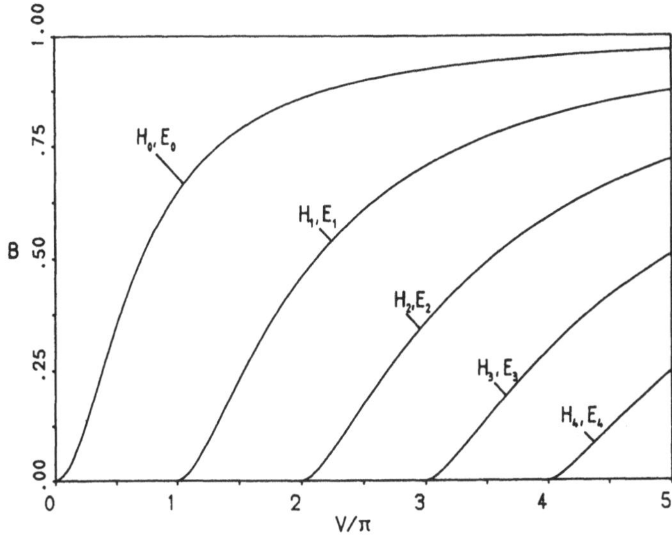

Abbildung 2.8: Normiertes Phasenmaß für H_p- und E_p-Moden im schwach führenden symmetrischen Filmwellenleiter

größer werdendem V wachsen B und mit ihm β; der Mode konzentriert sich immer mehr im Kerngebiet, bis für sehr kurze Wellenlängen $B \to 1$ und damit $\beta \to n_1 k$ werden. Der Mode ist dann fast vollständig auf das Filminnere beschränkt und wird daher vorwiegend von dessen Brechzahl n_1 bestimmt.

Neben dem Grundmode beginnt mit wachsendem V ab $V > \pi$ auch der zweite Mode zu laufen. Mit einer weiteren Vergrößerung von V werden immer mehr geführte Moden ausbreitungsfähig, wobei die neu hinzugekommenen Moden höherer Ordnung immer kleinere β als die niedrigerer Ordnung aufweisen.

Der Fall des in der Praxis besonders wichtigen einmodigen Wellenleiters, des sogenannten Monomode-Wellenleiters, liegt dann vor, wenn entsprechend Abb. 2.8 die Bedingung $V < \pi$ erfüllt ist. Dies läßt sich wegen $V = \sqrt{n_1^2 - n_2^2}\, kd$ auf drei Weisen erreichen:

1. man wählt die Wellenlänge λ genügend groß
2. man wählt die Wellenleiterdicke d genügend klein
3. man wählt die Brechzahldifferenz $n_1^2 - n_2^2$ genügend klein.

Da in den meisten Fällen die Wellenlänge aus technologischen Gründen, wie z.B. der Wahl des Lasers, festliegt, führt man die Einwelligkeit durch eine Kombination von ausreichend geringer Wellenleiterdicke und Brechzahldifferenz herbei. Typische Werte sind Dicken $d = 2\lambda$ mit Brechzahldifferenz von etwa einem Prozent.

2.2.1.3 Cut-off-Bedingung

Es hat sich gezeigt, daß die Anzahl der Moden eines Filmwellenleiters von Filmdicke, Brechzahldifferenz und Wellenlänge abhängt. Diejenige Wellenlänge, oberhalb der ein bestimmter H_p bzw. E_p Mode nicht mehr geführt werden kann, nennt man dessen cut-off-Wellenlänge λ_{cp}. Die Bestimmung von λ_{cp} geht von der Tatsache aus, daß an der cut-off die Phasenkonstante β_p die untere Grenze ihres möglichen Bereichs $n_1 k > \beta > n_2 k$ erreicht hat, d.h. es gilt dann

$$\beta_{cp} = n_2 k_c \tag{2.111}$$

Damit werden beim unsymmetrischen Wellenleiter die Größen $u_c = u(\beta_{cp})$, $v_c = v(\beta_{cp})$, $w_c = w(\beta_{cp})$ entsprechend den Gln. (2.73)-(2.75) zu

$$v_c = \sqrt{n_2^2 k_c^2 - n_2^2 k_c^2}\, d = 0 \tag{2.112}$$

$$w_c = \sqrt{n_2^2 k_c^2 - n_3^2 k_c^2}\, d = \sqrt{n_2^2 - n_3^2}\, k_c d \tag{2.113}$$

$$u_c = \sqrt{n_1^2 k_c^2 - n_2^2 k_c^2}\, d = \sqrt{n_1^2 - n_2^2}\, k_c d \tag{2.114}$$

Einsetzen von u_c, v_c, w_c, k_c in die Eigenwertgleichung (2.94) liefert die gesuchte cut-off-Bedingung.

$$\tan(u_c) = \frac{w_c}{u_c} = \sqrt{\frac{n_2^2 - n_3^2}{n_1^2 - n_2^2}} \tag{2.115}$$

Mit u_c nach Gl. (2.114) erhält man daraus

$$\lambda_{cp} = \sqrt{n_1^2 - n_2^2}\, d \frac{2\pi}{\arctan\left(\sqrt{\frac{n_2^2 - n_3^2}{n_1^2 - n_2^2}}\right) + p\pi} \tag{2.116}$$

Es existiert also beim unsymmetrischen Filmwellenleiter für die Grundmode ($p = 0$) eine endliche cut-off-Wellenlänge , oberhalb der keine Wellenführung mehr möglich ist.

Beim symmetrischen Filmwellenleiter mit $n_3 = n_2$ schreibt sich Gl. (2.115) wegen $w_c = v_c = 0$ als

$$\tan(u_c) = 0 \tag{2.117}$$

woraus für λ_{cp}

$$\lambda_{cp} = \sqrt{n_1^2 - n_2^2}\, \frac{2d}{p} \tag{2.118}$$

folgt.

Wie erwartet, ergibt sich in diesem Fall für den Grundmode $\lambda_{cp} \to \infty$; er besitzt beim symmetrischen Wellenleiter keinen cut-off. Die Anzahl der geführten Moden p für eine gegebene Wellenlänge λ_0 läßt sich bestimmen, indem in den cut-off-Bedingungen Gl. (2.116) bzw. Gl. (2.118) λ_{cp} durch λ_0 ersetzt und nach der Ordnung p aufgelöst wird. Die

Aufstellung der cut-off-Bedingung in der äquivalenten Matrizendarstellung geht von der Eigenwertgleichung (2.87) in Determinantenform aus. In Analogie zu den bisherigen Betrachtungen wird wegen $\beta_{cp} = n_2 k$ wieder $v_c = 0$ gesetzt. Eingesetzt ergibt sich die der Gl. (2.115) äquivalente cut-off-Bedingung.

$$\begin{vmatrix} \cos(-u_c/2) & \sin(-u_c/2) & -1 & 0 \\ \cos(u_c/2) & \sin(u_c/2) & 0 & -1 \\ -u_c \sin(-u_c/2) & u_c \cos(-u_c/2) & 0 & 0 \\ -u_c \sin(u_c/2) & u_c \cos(u_c/2) & 0 & -w_c \end{vmatrix} = 0 \tag{2.119}$$

Mit den Abhängigkeiten $u_c = u_c(n_1, n_2, d, \lambda_c)$ und $w_c = w_c(n_2, n_3, d, \lambda_c)$ entsprechend den Gln. (2.113)-(2.114) liefern die Nullstellen der Determinante die gesuchten cut-off-Wellenlängen λ_{cp}. Ebenso wie bei der Berechnung der Eigenwerte der Phasenkonstante β_p führt man die Bestimmung von λ_{cp} zweckmäßigerweise mit Hilfe einer entsprechenden Standardroutine einer Programmbibliothek durch.

2.2.1.4 Energiefluß im Wellenleiter

Es hat sich gezeigt, daß die Felder von geführten Moden nicht ausschließlich auf das Innere des Films beschränkt sind, sondern sich auch in die äußeren Medien erstrecken. Diese in den Außenbereichen geführten Strahlung soll nun etwas genauer untersucht werden.

Der Leistungsfluß elektromagnetischer Strahlung wird durch den Poyntingvektor $\vec{S}$ beschrieben:

$$\vec{S} = \vec{E} \times \vec{H}^* \tag{2.120}$$

Wegen des komplexen Wellenansatzes für die Felder ist $\vec{S}$ ebenfalls eine komplexe Größe. Ebenso wie bei der komplexen Leistungsberechnung kapazitiver und induktiver Schaltkreise, wo zwischen einer reellen Wirkleistung und einer imaginären Blindleistung zu unterscheiden ist, besteht der komplexe Poyntingvektor aus einem Realteil, der dem Wirkleistungsfluß entspricht, und aus einem Imaginärteil, der eine in Querrichtung pendelnde Blindleistung ohne echten Energietransport repräsentiert. Für TE-Moden mit ihren drei Feldkomponenten E_x, H_x, H_z erhalten wir

$$\vec{S} = (E_y H_z^*)\vec{e}_x + (-E_y H_x^*)\vec{e}_z \tag{2.121}$$

Setzen wir für E_y die Lösungen der Wellengleichung entsprechend den Gln. (2.70) - (2.75) und H_x, H_z entsprechend den Gln. (2.66) - (2.67) ein, so ergibt sich

$$\begin{aligned}
\vec{S}_2 = & - j\left[\tfrac{v}{d}\tfrac{1}{k}\sqrt{\tfrac{\varepsilon_0}{\mu_0}}C^2\exp\left(\tfrac{2v}{d}(x+\tfrac{d}{2})\right)\right]\vec{e}_x && (2.122)\\
& + \left[\tfrac{\beta}{k}\sqrt{\tfrac{\varepsilon_0}{\mu_0}}C^2\exp\left(\tfrac{2v}{d}(x+\tfrac{d}{2})\right)\right]\vec{e}_z \quad \mathit{für}\ x \le -d/2 \\
\vec{S}_1 = & - j\left[\tfrac{u}{d}\tfrac{1}{k}\sqrt{\tfrac{\varepsilon_0}{\mu_0}}\left(AB\left(\cos^2(\tfrac{u}{d}x)-\sin^2(\tfrac{u}{d}x)\right)\right.\right. && (2.123)\\
& \left.\left. +(B^2-A^2)\sin(\frac{u}{d}x)\cos(\frac{u}{d}x)\right)\right]\vec{e}_x \\
& + \left[\tfrac{\beta}{k}\sqrt{\tfrac{\varepsilon_0}{\mu_0}}\left(A^2\cos^2(\tfrac{u}{d}x)+2AB\sin(\tfrac{u}{d}x)\cos(\tfrac{u}{d}x)\right.\right.\\
& \left.\left. +B^2\sin^2(\frac{u}{d}x)\right)\right]\vec{e}_z \quad \mathit{für}\ -d/2 < x < +d/2 \\
\vec{S}_3 = & - j\left[\tfrac{w}{d}\tfrac{1}{k}\sqrt{\tfrac{\varepsilon_0}{\mu_0}}D^2\exp\left(-\tfrac{2w}{d}(x-\tfrac{d}{2})\right)\right]\vec{e}_x && (2.124)\\
& + \left[\tfrac{\beta}{k}\sqrt{\tfrac{\varepsilon_0}{\mu_0}}D^2\exp\left(-\tfrac{2w}{d}(x-\tfrac{d}{2})\right)\right]\vec{e}_z \quad \mathit{für}\ x \ge +d/2
\end{aligned}$$

Da die Koeffizienten $A - D$ reell sind, setzt sich der Poyntingvektor sowohl im Film als auch in den Außenmedien aus einer rein imaginären x-Komponente und aus einer rein reellen z-Komponente zusammen. Der reellen z-Komponente entspricht der Transport von Wirkleistung, wobei sowohl im Filminneren als auch in den Außenmedien Strahlung in z-Richtung fließt. Nennenswerte Strahlungsleistung wird im Außenbereich nur bis zu einer geringen Entfernung Δx von den Filmgrenzen geführt. Die Weite Δx ist durch den $1/e$-Abfall der Felder mit $\Delta x = d/(2w)$ in der Deckschicht bzw. $\Delta x = d/(2v)$ im Substrat definiert. Trotzdem wird keine Energie transversal nach außen abgestrahlt, da die x-Komponente des Poyntingvektors rein imaginär ist und somit als reiner Blindanteil nur ein Pendeln der Energie senkrecht zum Film darstellt.

Im Gegensatz zum bisher betrachteten Fall der Totalreflexion der Wellen an den Trennflächen wollen wir noch den Energiefluß bei ungeführten Wellen betrachten. Hier ist die Bedingung für Totalreflexion Gl. (2.69) nicht mehr erfüllt. Es gilt vielmehr jetzt

$$\beta < n_2 k \qquad (2.125)$$

Die bisher reelle Größe v in der Exponentialfunktion wird entsprechend der Definition von Gl. (2.74) imaginär

$$v = jv' \tag{2.126}$$

mit

$$v' = \sqrt{n_2^2 k^2 - \beta^2} \tag{2.127}$$

Eingesetzt in Gl. (2.122) ergibt sich für den Poyntingvektor ungeführter Wellen im Substrat ($x < -d/2$)

$$\begin{aligned} \vec{S}_2 &= \left[\frac{v'}{d}\frac{1}{k}\sqrt{\frac{\varepsilon_0}{\mu_0}}C^2\right]\left[\cos\left(\frac{2v'}{d}(x+\frac{d}{2})\right) + j\sin\left(\frac{2v'}{d}(x+\frac{d}{2})\right)\right]\vec{e}_x \\ &+ \frac{\beta}{k}\sqrt{\frac{\varepsilon_0}{\mu_0}}C^2\left[\cos\left(\frac{2v'}{d}(x+\frac{d}{2})\right) + j\sin\left(\frac{2v'}{d}(x+\frac{d}{2})\right)\right]\vec{e}_z \end{aligned} \tag{2.128}$$

Jetzt weisen beide Komponenten von $\vec{S}$ sowohl reelle wie imaginäre Anteile auf. Der zusätzliche reelle Wirkanteil in S_x bedeutet, daß die Energie im Außenmedium nicht nur in z-Richtung parallel zur Trennfläche transportiert wird, sondern daß auch Leistung senkrecht dazu in x-Richtung abgestrahlt wird. Die Welle im Film verliert Energie.

2.2.2 Filmwellenleiter mit Gradientenprofil

Verschiedene Fabrikationsprozesse der Wellenleiterherstellung, insbesondere solche, die Diffusions- und Ionenimplantationsverfahren benützen, führen zu dielektrischen Wellenleiterstrukturen mit einem sog. Gradientenprofil, bei dem sich der Brechungsindex im Gegensatz zum Sprungprofil allmählich entlang des Wellenleiterquerschnitts verändert. Eine analytische Behandlung solch eines Wellenleiters ist nur für ganz spezielle Profilformen (Parabel-, Cosh^{-1}, Exponential-Profil) und auch dann nur unter einschränkenden Näherungen möglich, weshalb auf eine Darstellung dieser Sonderfälle verzichtet werden soll. Statt dessen wird in diesem Kapitel ein numerisches Lösungsverfahren beschrieben, welches die Berechnung der optischen Eigenschaften von Filmwellenleitern beliebig geformten Brechzahlprofils erlaubt.

Der Brechzahlverlauf $n(x)$ sei entsprechend Abb. 2.9 definiert durch

$$n(x) = \begin{cases} n_2 & \mathit{für} \quad x < -d_2 \\ n_1(x) & \mathit{für} \quad -d_2 \le x \le d_3 \\ n_3 & \mathit{für} \quad x \ge d_3 \end{cases} \tag{2.129}$$

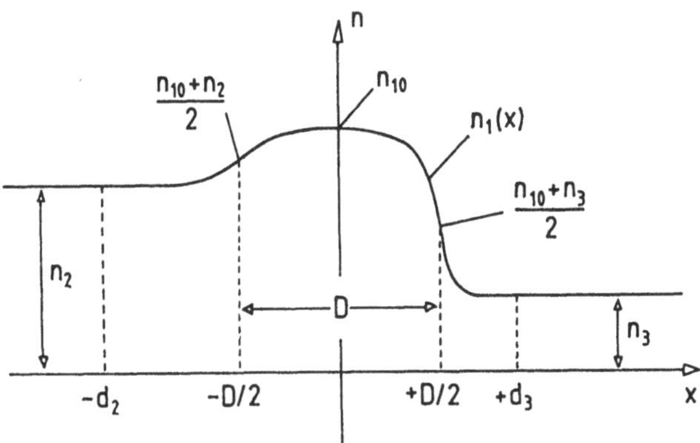

Abbildung 2.9: Allgemeines Brechzahlprofil eines unsymmetrischen Filmwellenleiters

Die spezielle Annahme, daß die Brechzahl für Abstände vom Wellenleitermittelpunkt $|x| > d_{2,3}$ konstante Werte n_2 bzw. n_3 aufweist, schränkt uns praktisch nicht ein. Ein realer Wellenleiter ist im allgemeinen immer auf einem Substrat mit räumlich konstanter Brechzahl n_2 aufgebracht, wobei als Deckfläche meist einfach Luft ($n_2 = 1$) oder ein anderes Medium mit konstanter Brechzahl dient. Signifikante Brechzahlvariationen über den Wellenleiterquerschnitt findet man daher nur im Kerngebiet; dies kann mathematisch durch die Wahl eines genügend großen Werts von $d_{2,3}/\lambda$ berücksichtigt werden.

Im Falle von TE-Moden lautet die Wellengleichung in den drei Gebieten

$$\frac{\partial^2 E_{y2}}{\partial x^2} = (\beta^2 - n_2^2 k^2) E_{y2} \quad \mathit{für} \;\; x \leq -d_2 \tag{2.130}$$

$$\frac{\partial^2 E_{y1}}{\partial x^2} = (\beta^2 - n_1^2(x) k^2) E_{y1} \quad \mathit{für} \;\; -d_2 \leq x \leq +d_3 \tag{2.131}$$

$$\frac{\partial^2 E_{y3}}{\partial x^2} = (\beta^2 - n_3^2 k^2) E_{y3} \quad \mathit{für} \;\; x \geq d_3 \tag{2.132}$$

Analog zu Kapitel 2.2.1 lassen sich die Lösungen für die Außenräume wegen n_2, n_3 = const. direkt angeben

$$E_{y2}(x) = A\exp\left[\sqrt{\beta^2 - n_2^2k^2}(x + d_2)\right] \quad \textit{für} \quad x \leq -d_2 \quad (2.133)$$

$$E_{y3}(x) = B\exp\left[-\sqrt{\beta^2 - n_3^2k^2}(x - d_3)\right] \quad \textit{für} \quad x \geq +d_3 \quad (2.134)$$

Die Lösung im Kerngebiet hingegen muß numerisch ermittelt werden. Hierzu ist es zweckmäßig, die Differentialgleichung 2. Ordnung (2.131) in zwei gekoppelte Differentialgleichungen 1. Ordnung überzuführen. Mit den Substitutionen

$$y_1 = \frac{dE_{y1}(x)}{dx} \quad (2.135)$$

$$y_2 = E_{y1}(x) \quad (2.136)$$

erhält man

$$\frac{dy_1}{dx} = (\beta^2 - n_1^2(x)k^2)y_2 \quad (2.137)$$

$$\frac{dy_2}{dx} = y_1 \quad (2.138)$$

Für solche gekoppelte Differentialgleichungsysteme existiert eine Vielzahl numerischer Integrationsroutinen in Standard-Programmbibliotheken, welche für gegebene Anfangswerte $y_1(x_0)$, $y_2(x_0)$ die Funktionswerte y_1 und y_2 an einer beliebigen Stelle x berechnen. Allen diesen numerischen Routinen liegt ein Algorithmus zu Grunde, der aus gegebenen Funktionswerten an der Stelle x neue Werte an einer benachbarten Stelle $x + \Delta x$ liefert.

Dies soll am einfachsten Fall des linearisierten Differenzenverfahrens kurz erläutert werden: Man approximiert die Funktionen y_1 und y_2 in der Umgebung des Ortes x durch Taylor-Reihen mit Abbruch nach dem linearen Glied

$$y_1(x + \Delta x) = y_1(x) + \left.\frac{dy_1}{dx}\right|_x \Delta x \quad (2.139)$$

$$y_2(x + \Delta x) = y_2(x) + \left.\frac{dy_2}{dx}\right|_x \Delta x \quad (2.140)$$

Setzt man für dy_1/dx und dy_2/dx die Ausdrücke des gekoppelten Differentialgleichungssystems (2.137) bzw. (2.138) ein, so erhält man

$$y_1(x+\Delta x) = y_1(x) + \left(\beta^2 - n_1^2(x)k^2\right) y_2(x)\Delta x \quad (2.141)$$

$$y_2(x+\Delta x) = y_2(x) + y_1(x)\Delta x \quad (2.142)$$

Kennt man $y_1(x)$ und $y_2(x)$, so ergeben sich mit Gl. (2.141) - (2.142) die Funktionswerte $y_1(x+\Delta x)$ und $y_2(x+\Delta x)$. Beginnend mit den Anfangsbedingungen $y_{10} = y_1(x_0)$ und $y_{20} = y_2(x_0)$ werden nach diesem Schema die Werte $y_1(x)$ und $y_2(x)$ sukzessive nach $(x - x_0)/\Delta x$ Schritten bestimmt. Je feiner die Schrittweite Δx gewählt wird, umso geringer wird der durch den Abbruch der Taylor-Reihen (2.139) und (2.140) nach dem linearen Glied hervorgerufene Fehler. Die meisten in der Praxis verwendeten Integrationsroutinen benutzen für die Darstellung der Funktionen Kurven höherer Ordnung mit entsprechend komplizierten Rekursionsschemata; damit wird eine Verringerung der Fehler trotz größerer Schrittweiten Δx unter gleichzeitiger Einsparung von Rechenzeit erreicht. Im folgenden wird das Vorhandensein irgendeiner solchen Lösungsroutine für das Differentialgleichungssystem (2.137) - (2.138) vorausgesetzt, ohne diese näher zu spezifizieren.

Unbekannt bei der Lösung unseres Problems sind die von allen Routinen prinzipiell benötigten Anfangsbedingungen $y_{10} = y_1(x = -d_2)$ bzw. $y_{20} = y_2(x = -d_2)$ und die Phasenkonstante β. Für letztere wird ein versuchsweise angenommener Wert $\tilde{\beta}$ benützt, welcher in nachfolgenden Schritten dann korrigiert wird. Zunächst werden die Anfangsbedingungen aus der Lösung für E_{y2} nach Gl. (2.133) genommen, da wegen der Stetigkeitsforderungen für Tangentialkomponenten (hier E_y, H_z) sowohl E_y als auch dE_y/dx an der Stelle $x = -d_2$ stetig sein müssen. Wir erhalten daher für die Anfangsbedingungen

$$y_{10} \equiv \left.\frac{dE_{y1}}{dx}\right|_{x=-d_2} = \left.\frac{dE_{y2}}{dx}\right|_{x=-d_2} = A\sqrt{\tilde{\beta}^2 - n_2^2k^2} \quad (2.143)$$

$$y_{20} \equiv E_{y1}(x=-d_2) = E_{y2}(x=-d_2) = A \quad (2.144)$$

Die Konstante A ist eine freie Größe und dient zur Festlegung der vom jeweiligen Mode geführten Strahlungsleistung. Einfachheitshalber wird sie im folgenden zu Eins gesetzt. Damit sind die Anfangsbedingungen als Funktion von $\tilde{\beta}$ bekannt. Mit ihnen wird das gekoppelte Differentialgleichungssystem (2.137) - (2.138) beginnend bei $x = -d_2$ numerisch bis $x = +d_3$ integriert. Die dabei erhaltenen Lösungen $y_{1d} = y_1(x = d_3)$ und $y_{2d} = y_2(x = d_3)$ müssen stetig in die Lösungen der Felder für den Außenraum entsprechend Gl. (2.134) übergehen:

$$y_{1d} \equiv \left.\frac{dE_{y1}}{dx}\right|_{x=d_3} = \left.\frac{dE_{y3}}{dx}\right|_{x=d_3} = B\sqrt{\tilde{\beta}^2 - n_3^2k^2} \quad (2.145)$$

$$y_{2d} \equiv E_{y1}(x = d_3) = E_{y3}(x = d_3) = B \quad (2.146)$$

Aus diesen beiden Gleichungen läßt sich der Koeffizient B eliminieren, und es ergibt sich

$$\frac{y_{1d}}{y_{2d}}(\tilde{\beta}) + \sqrt{\tilde{\beta}^2 - n_3^2k^2} \stackrel{!}{=} 0 \quad (2.147)$$

Diese Eigenwertgleichung für die Phasenkonstante β ist nur erfüllt, wenn gilt

$$\tilde{\beta} = \beta_p \quad (2.148)$$

d.h. wenn die anfangs gewählte Phasenkonstante $\tilde{\beta}$ gleich der richtigen Phasenkonstante β_p für den Mode der Ordnung p ist. Die Bestimmung von β_p geschieht daher in Form einer numerischen Nullstellensuche der Gl. (2.147) mit $\tilde{\beta}$ als freier Variablen im Bereich $\max(n_1(x)k) > \tilde{\beta} > n_2k$. Im Rahmen dieser Suchprozedur müssen für jeden untersuchten Wert von $\tilde{\beta}$ die zugeordneten Anfangswerte y_{10}, y_{20} nach Gl. (2.143) neu ermittelt und mit ihnen das gekoppelte Differentialgleichungssystem (2.137) - (2.138) numerisch integriert werden. Die Ergebnisse dieser Integration y_{1d} und Y_{2d} werden in die Eigenwertgleichung (2.147) eingesetzt, deren Nullstellen schließlich die gesuchten Phasenkonstanten β_p liefern. Hat man die Phasenkonstante β_p eines bestimmten Modes auf diese Weise bestimmt, läßt sich die zugehörige Feldverteilung $E_y(x)$ in den Außenräumen $x \leq -d_2$ und $x \geq d_3$ direkt aus den Gln. (2.133) - (2.134) berechnen. Die Feldverteilung im Innenraum hingegen wird durch schrittweise numerische Integration von Gln. (2.137) - (2.138) ermittelt, wobei sich das elektrische Feld an der Stelle x durch Integration von $-d_2$ bis x zu $E_y(x) = y_2(x)$ ergibt. Die H_x- und H_z-Komponenten folgen aus E_y entsprechend Gl. (2.66) - (2.67).

$$H_x(x) = -\frac{\beta_p}{k}\sqrt{\frac{\varepsilon_0}{\mu_0}}E_y(x) \quad (2.149)$$

$$H_z(x) = \frac{j}{k}\sqrt{\frac{\varepsilon_0}{\mu_0}}\frac{dE_y(x)}{dx} \tag{2.150}$$

Die Berechnung der TM-Moden erfolgt auf analoge Weise. Hier lautet die Wellengleichung für die Tangentialkompomente H_y

$$\frac{d^2H_y}{dx^2} - \left(\frac{1}{n^2(x)}\frac{dn^2(x)}{dx}\right)\frac{dH_y}{dx} = (\beta^2 - n^2(x)k^2)H_y \tag{2.151}$$

In den Außenräumen verschwindet wegen $n(x < -d_2) = n_2 = \text{const.}$ der Gradient dn^2/dx, wodurch die Differentialgleichung äquivalent zu der der TE-Moden wird. Dementsprechend sind auch die Lösungen für H_y in den Außenräumen identisch mit denen für E_y nach Gln. (2.133) - (2.134). Lediglich im Innenraum ergibt sich mit den Substitutionen $y_1 = dH_y/dx$ und $y_2 = H_y$ ein gegenüber Gln. (2.137) - (2.138) etwas modifiziertes gekoppeltes Differentialgleichungssystem

$$\frac{dy_1}{dx} = +\left(\frac{1}{n^2(x)}\frac{dn^2}{dx}\right)y_1 + (\beta^2 - n^2(x)k^2)y_2 \tag{2.152}$$

$$\frac{dy2}{dx} = y_1 \tag{2.153}$$

Der weitere Lösungsweg ist (für einen wie in Abb. 2.9 gezeigten, an den Grenzen d_2 bzw. d_3 stetigen Brechzahlverlauf) identisch mit dem oben beschriebenen für TE-Moden. Es ist lediglich E_y durch H_y zu ersetzen. Die beiden restlichen Feldkomponenten E_x, E_z ergeben sich aus H_y zu

$$E_x(x) = \frac{\beta}{n^2(x)k}\sqrt{\frac{\mu_0}{\varepsilon_0}}H_y(x) \tag{2.154}$$

$$E_z(x) = \frac{-j}{n^2(x)k}\sqrt{\frac{\mu_0}{\varepsilon_0}}\frac{\partial H_y(x)}{\partial x} \tag{2.155}$$

Vernachlässigt man darüber hinaus den Brechzahlgradienten, so bekommt das Differentialgleichungssystem (2.152) - (2.153) für TM-Moden die gleiche Form wie das für TE-Moden von Gln. (2.137) - (2.138). Jetzt fallen die TE- und TM-Moden zusammen und unterscheiden sich in ihren Phasenkonstanten nicht mehr voneinander. Speziell bei Wellenleitern mit kleinen Brechzahlunterschieden, wie sie bei integriert-optischen Schaltung häufig vorliegen, kann man praktisch von einer Entartung der TE- und TM-Moden ausgehen.

Mit Hilfe der bisher erarbeiteten Methoden kann nun der Einfluß zweier wesentlicher Parameter untersucht werden; diese sind der Gradient des Brechzahlübergangs zwischen Filminneren und Außenmedien und der Grad der Asymmetrie der beiden Brechzahlen der Außenmedien.

Die Darstellung erfolgt wieder in Form von Phasenkurven mit den normierten Größen B und V, welche jetzt durch

$$B = \frac{\beta^2/k^2 - n_2^2}{n_{10}^2 - n_2^2} \tag{2.156}$$

und

$$V = kD\sqrt{n_{10}^2 - n_2^2} \tag{2.157}$$

definiert sind; entsprechend Abb. 2.9 ist n_{10} gleich dem Maximalwert des Brechzahlverlaufs $n_1(x)$. D ist die Filmdicke. Es ist wieder $n_2 \leq n_3$. Der Grad der Asymmetrie von n_2 und n_3 in den Außenmedien wird durch den normierten Parameter A ausgedrückt.

$$A = \frac{kd_x\sqrt{n_2^2 - n_3^2}}{V} = \sqrt{\frac{n_2^2 - n_3^2}{n_{10}^2 - n_2^2}} \tag{2.158}$$

Ist A gleich Null, so sind n_2 und n_3 gleich; wachsende Werte von A kennzeichnen die zunehmende Asymmetrie des Wellenleiters. Eine möglichst einfache und trotzdem realistische analytische Beschreibung des Brechzahlverlaufs erhalten wir durch

$$n(x) = \begin{cases} n_2 + (n_{10} - n_2)S_2(x) & \text{\textit{für}} \;\; x < 0 \\ n_3 + (n_{10} - n_3)S_3(x) & \text{\textit{für}} \;\; x \geq 0 \end{cases} \tag{2.159}$$

mit

$$S_i(x) = \begin{cases} 1 + \left(\frac{|x|}{d_i}\right)^{\alpha_i} \left[1 + \frac{\alpha_i}{\delta}\left(1 - \frac{|x|}{d_i}\right)^{\delta}\right)\right] & \text{\textit{für}} \;\; |x| \leq d_i \\ 0 & \text{\textit{für}} \;\; |x| > d_i \end{cases} \tag{2.160}$$

mit $\delta = 10^{-2}$. Diese Profilform weist einen weichen Übergang der Brechzahl zwischen Film und Außenmedien auf mit verschwindendem Gradienten bei $x = -d_2$ bzw $x = +d_3$. Die Filmdicke D ist, wie in Abb. 2.9 gezeigt, durch die Halbwertsbreiten $S_2(x = -d/2) = 1/2$ bzw.

$S_3(x = +D/2) = 1/2$ definiert. Die Parameter α_2 bzw. α_3 bestimmen die Schärfe des Brechzahlübergangs zu den äußeren Medien n_2 bzw. n_3; die Grenzen konstanter Brechzahl d_2 bzw. d_3 hängen bei gegebenem D von α_2 bzw. α_3 ab. In Abb. 2.10 sind die Profilfunktionen $S(x)$ für verschiedene Werte von α dargestellt.

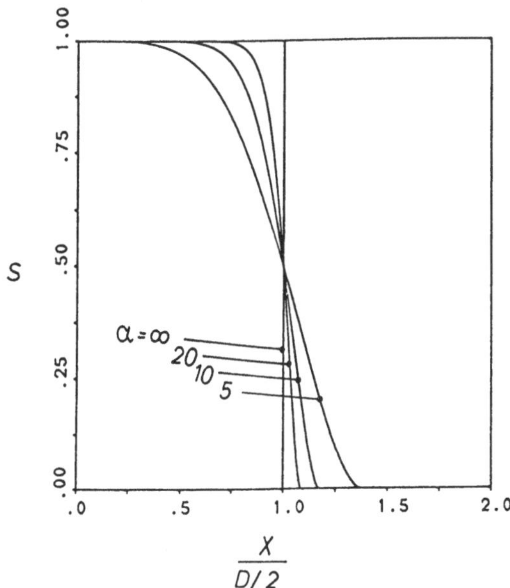

Abbildung 2.10: Profilfunktion S(x) des Brechzahlverlaufs

Als Ergebnis sehen wir in Abb. 2.11 die Phasenkurven der TE-Moden eines symmetrischen Filmwellenleiters für verschiedene Parameter α.

In Abb. 2.12 ist der Einfluß der Unsymmetrie auf die TE-Moden eines Films mit Sprungprofil ($\alpha \to \infty$) für verschiedene Symmetrieparameter A gezeigt.

Eine wachsende Asymmetrie verursacht ein Absinken der Phasenkurven bei gleichzeitiger Verschiebung der cut-off-Frequenzen zu höheren Werten hin. Wir finden die schon in Kapitel 2.2.1.3 besprochene Besonderheit des unsymmetrischen Wellenleiters, daß bei ihm auch für

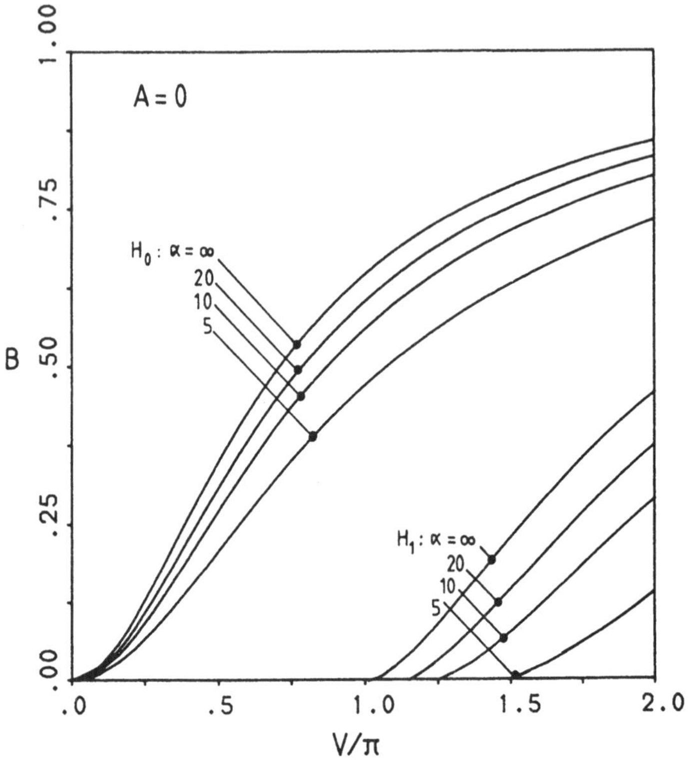

Abbildung 2.11: Phasenkurven von Filmwellenleitern mit Brechzahlgradienten

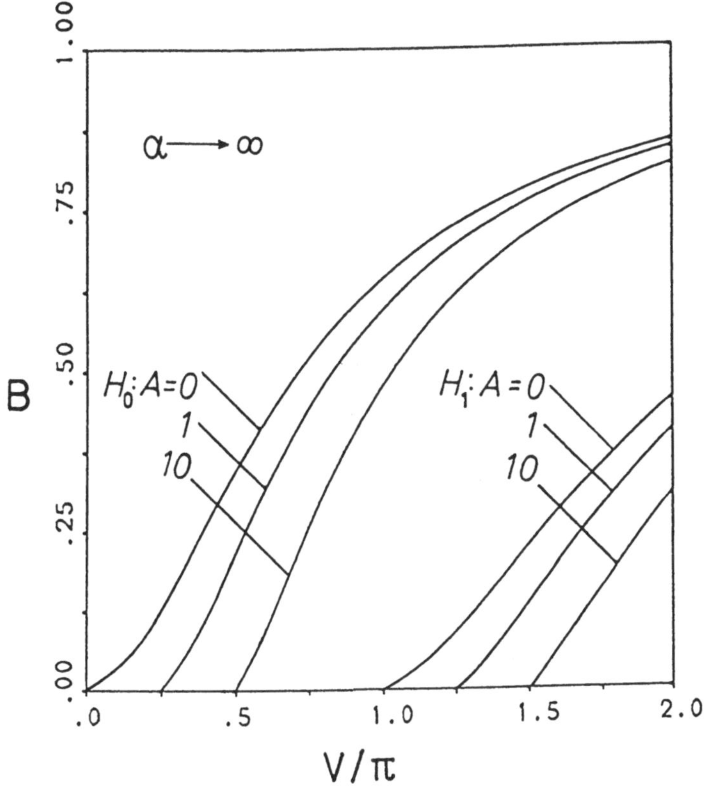

Abbildung 2.12: Phasenkurven von Filmwellenleitern verschiedener Asymmetrie

den Grundmode eine cut-off existiert, unterhalb der überhaupt keine Wellenführung mehr möglich ist.

2.3 Streifenwellenleiter

Im Gegensatz zum in y-Richtung unendlich ausgedehnten Filmwellenleiter erfordert die gezielte Strahlführung in integriert-optischen Schaltungen neben der vertikalen auch eine seitliche Begrenzung der Wellen. Zu diesem Zweck muß durch entsprechende Ausgestaltung der Brechzahlen rings um das lichtführende Medium Totalreflexion an allen Grenzflächen sichergestellt werden. Man nennt ein solches Gebilde einen Streifenwellenleiter.

In Abb. 2.13 sind eine Auswahl möglicher Ausführungsformen von Streifenwellenleitern gezeigt. Der Einfachheit halber sind nur abrupte Übergänge der Brechzahlen dargestellt, jedoch führen die Fabrikationsprozesse bei der Streifenleiterherstellung eher zu Brechzahlquerschnitten mit allmählichem Brechzahlübergang zwischen Kern- und Außenraum.

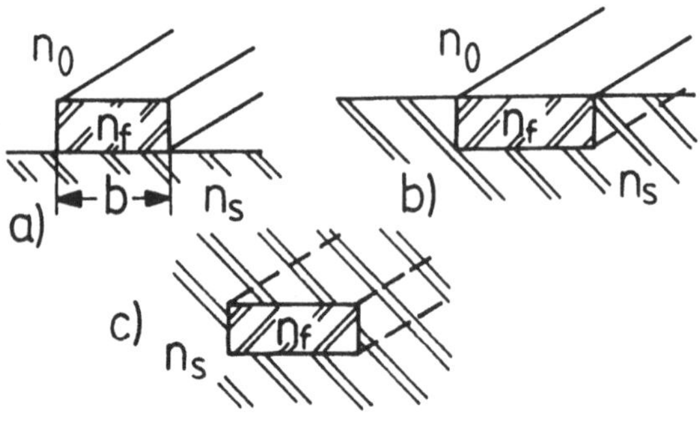

Abbildung 2.13: Optische Streifenleiter: a) aufliegender Streifen, b) bündig versenkter Streifen, c) vollständig versenkter Streifen

Beim sog. "aufliegenden Streifenleiter" ist ein Streifen endlicher Breite mit der Brechzahl n_1 auf ein Substrat mit etwas niedrigerer Brechzahl n_2 aufgebracht. Wenn die Brechzahl des äußeren Mediums n_3 ebenfalls geringer als n_1 ist, kann Licht im Inneren des Streifens durch Totalreflexion an allen vier Seitenwänden geführt werden. Befindet sich der Streifen im Substrat bündig zur Oberfläche, so spricht man vom "bündig versenkten Streifenleiter". Beim sog. "vollständig versenkten Streifenleiter" ist der Streifen auf allen vier Seiten vom Substrat umgeben. Solche planaren optischen Elemente sind relativ einfach herstellbar, da im wesentlichen auf die bereits ausgereifte Technologie der integrierten Schaltungen der Mikroelektronik zurückgegriffen werden kann. Eine durch Totalreflexion an allen vier Grenzen des Streifenleiters geführte Lichtwelle weist Feldverteilungen auf, die sowohl in x- wie in y-Richtung innerhalb eines Streifens stehende Wellen bilden, während sie in den Medien außerhalb des Streifens exponentialartig abfallen. Als wesentlicher Unterschied zum Filmwellenleiter setzt sich das Gesamtfeld eines Modes im Streifenleiter nicht nur aus drei, sondern in komplizierter Weise aus allen sechs Feldkomponenten zusammen. Wenn die Brechzahlunterschiede zwischen Streifen und umgebenden Medium nicht allzu groß sind, erweisen sich jedoch die Feldverteilungen der Transversalkomponenten als nahezu linear polarisiert.

Zur Kennzeichnung der Moden des Streifenleiters haben sich in der Literatur mehrere, unterschiedliche Nomenklaturen eingebürgert. Angepaßt an die bei Streifenleitern mit sehr kleinen Brechzahlunterschieden fast reine lineare Polarisation der Moden verwenden wir im folgenden als Kennzeichnungsmerkmal die Hauptpolarisationsrichtung des transversalen $\vec{E}$-Feldvektors. Wir bezeichnen daher in x-Richtung polarisierte Moden als E^x_{lm}-Moden, in y-Richtung polarisierte Wellen dementsprechend als E^y_{lm}-Moden. Die ganzzahligen Indices l bzw. m zählen dabei die Anzahl der Knoten der im Streifen stehenden Wellen in x- bzw. y- Richtung. Zur Veranschaulichung dieser Bezeichnungsweise sind in Abb. 2.14 die sechs niedrigsten Moden eines in $x-y$-Richtung ausgerichteten Streifenleiters gezeigt.

Der E^y_{00}-Mode stellt den Grundmode der E^y_{lm}-Wellen dar; er ist eng verwandt mit den ebenfalls in y-Richtung polarisierten H_0-Mode des Filmwellenleiters. Gleichermaßen korrespondiert der E^x_{00}-Mode mit dem E_0-Mode des Filmwellenleiters. Bei geringen Brechzahldifferenzen

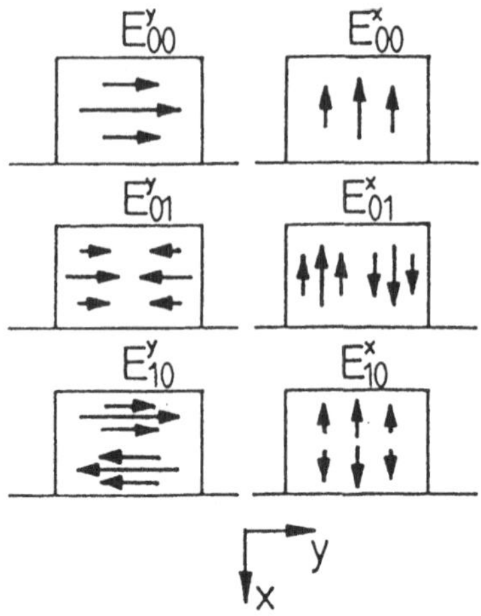

Abbildung 2.14: Transversales elektrisches Feld der E^x_{lm}- bzw. E^y_{lm}- Moden niedrigster Ordnung in optischen Streifenleitern.

zwischen Streifen und Außenmedium fallen die Phasenkonstanten der E^x_{lm}-Moden mit denen der E^y_{lm}-Moden analog zu den $H_p - E_p$-Moden des Filmwellenleiters aufeinander. Die exakte Berechnung der Phasenkonstanten und Feldverteilungen der Moden des Streifenleiters erfordert im Gegensatz zum Filmwellenleiter einen sehr großen Rechenaufwand. Der Grund dafür liegt darin, daß beim Streifenleiter die Wellengleichung in Form einer im allgemeinen nicht separierbaren partiellen Differentialgleichung auftritt. Es existieren keine analytischen Lösungen, und selbst der Rückzug auf numerische Methoden bringt große Schwierigkeiten mit sich. Die numerische Integration der partiellen Differentialgleichungen erfordert die Anwendung komplizierter Verfahren, wie die der finiten Elemente oder der finiten Differenzen, deren Beschreibung den Rahmen dieses Buches sprengen würde. Jedoch läßt sich das Problem unter Annahme einiger einschränkender Näherungen so reduzieren, daß es bereits mit dem bei den Filmwellenleitern kennengelernten mathematischen Handwerkszeug gelöst werden kann. Dieses als "Effektive-Index-Methode" bekannte Verfahren ist auf Streifenleiter mit beliebigem Querschnitt und beliebigem Brechzahlprofil anwendbar; es ist also nicht auf Stufenindex-Profile beschränkt. Diese Freiheit muß erkauft werden durch die Forderung, daß die Brechzahldifferenzen zwischen Streifen und Umgebung so klein sind, daß die Felder als linear polarisiert approximiert werden können. Im Rahmen dieser sog. skalaren Näherung sind die $E^y_{lm} - E^x_{lm}$-Moden entartet, und es können ihre transversalen E_y- bzw. E_x-Komponenten durch die gleiche skalare Funktion $\phi(x,y)$ beschrieben werden.

Für den E^y_{lm}-Mode gilt:

$$E_y(x,y,z,t) = \phi(x,y)\exp[j(\omega t - \beta z)] \qquad (2.161)$$

$$E_x(x,y,z,t) = 0 \qquad (2.162)$$

bzw. für den E^x_{lm}:

$$E_y(x,y,z,t) = 0 \qquad (2.163)$$

$$E_x(x,y,z,t) = \phi(x,y)\exp[j(\omega t - \beta z)] \qquad (2.164)$$

wobei die Funktion $\phi(x,y)$ durch die skalare Wellengleichung

$$\frac{\partial^2\phi(x,y)}{\partial x^2} + \frac{\partial^2\phi(x,y)}{\partial y^2} + \left[n^2(x,y)k^2 - \beta^2\right]\phi(x,y) = 0 \qquad (2.165)$$

gegeben ist.

Ohne Einschränkung der Allgemeinheit können wir die von x und y abhängige Feldverteilung $\phi(x,y)$ als Produkt

$$\phi(x,y) = \phi_y(y)\phi_{xy}(x,y) \qquad (2.166)$$

schreiben; hierbei sollen $\phi_y(y)$ nur von y, $\phi_{xy}(x,y)$ weiterhin von x und y abhängen. Eingesetzt in die partielle Differentialgleichung (2.165) ergibt sich

$$\phi_{xy}\frac{\partial^2\phi_y}{\partial y^2} + 2\frac{\partial\phi_{xy}}{\partial y}\frac{\partial\phi_y}{\partial y} + \phi_y\left(\frac{\partial^2\phi_{xy}}{\partial y^2} + \frac{\partial^2\phi_{xy}}{\partial x^2}\right) + \left[n^2(x,y)k^2 - \beta^2\right]\phi_y\phi_{xy} = 0 \qquad (2.167)$$

Als zweite einschränkende Näherung wird angenommen, daß ϕ_{xy} bezüglich y eine im Durchschnitt nur langsam variierende Funktion sei, im Vergleich zu $\partial^2\phi_{xy}/\partial x^2$ bezüglich x und $\partial^2\phi_y/\partial y^2$ bezüglich y.

Es wird also die wesentliche y-Abhängigkeit durch ϕ_y und die wesentliche x-Abhängigkeit durch ϕ_{xy} erfaßt, wobei für letztere Funktion eine zusätzliche, jedoch nur schwache Abhängigkeit von y zugelassen wird. Mit dieser Annahme können die Terme mit $\partial^2\phi_{xy}/\partial y^2$ und $\partial\phi_{xy}/\partial y$ vernachlässigt werden; Gl. (2.167) reduziert sich damit auf

$$\phi_{xy}\frac{\partial^2\phi_y}{\partial y^2} + \phi_y\frac{\partial^2\phi_{xy}}{\partial x^2} + \left[n^2(x,y)k^2 - \beta^2\right]\phi_y\phi_{xy} = 0 \qquad (2.168)$$

Führen wir eine effektive Brechzahl $n_{eff}(y)$ ein, welche alleine von y abhängen soll und durch die gewöhnliche Differentialgleichung

$$\frac{d^2\phi_{xy}}{dx^2} + \left[n^2(x,y)k^2 - n_{eff}^2(y)k^2\right]\phi_{xy} = 0 \qquad (2.169)$$

definiert ist, und setzen wir dieses $n_{eff}(y)$ in Gl. (2.168) ein, so erhalten wir die gewöhnliche Differentialgleichung

$$\frac{d^2\phi_y}{dy^2} + \left[n_{eff}^2(y)k^2 - \beta^2\right]\phi_y = 0 \qquad (2.170)$$

Diese hat die gleiche Form wie die Wellengleichung (2.131) für TE-Moden des Filmwellenleiters. Unter Voraussetzung der Kenntnis der y-Verteilung der effektiven Brechzahl $n_{eff}(y)$ können wir daher die unbekannte Phasenkonstante β des Streifenleiters ermitteln, indem wir Gl. (2.170) wie die Wellengleichung des Filmwellenleiters in Kapitel 2.2.2 lösen. Den funktionalen Verlauf $n_{eff}(y)$ wiederum erhalten wir aus der Definitionsgleichung (2.169), indem wir diese an diskreten, festen Orten y_i

$$\frac{d^2\phi_{xy}(x,y_i)}{dx^2} + \left[n^2(x,y_i)k^2 - n_{eff}^2(y_i)k^2\right]\phi_{xy}(x,y_i) = 0 \qquad (2.171)$$

über x integrieren, denn auch sie ist mathematisch äquivalent mit der Wellengleichung (2.131) des Filmwellenleiters. Um also für einen bestimmten, durch die Indices l und m gekennzeichneten Mode die Feldverteilung und Phasenkonstante zu berechnen, müssen wir nach folgendem Schema vorgehen:

Mit dem Brechzahlverlauf $n(x,y_i)$ über x einer festen Stelle y_i wird durch numerische Integration der gewöhnlichen Differentialgleichung

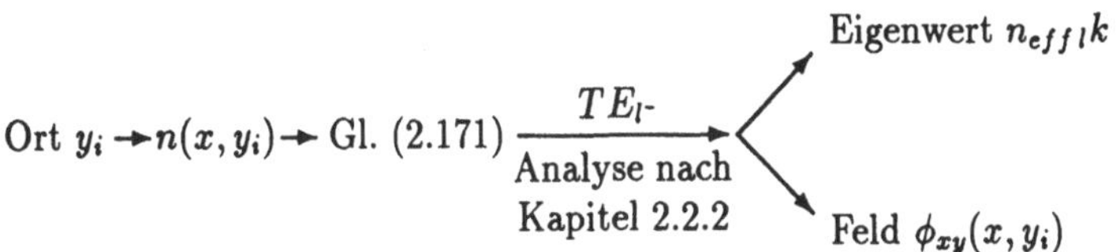

Abbildung 2.15: Schema der Bestimmung der effektiven Brechzahl $n_{eff\,l}(x, y_i)$ an diskreten Orten y_i für einen $E_{lm}^{x,y}$-Mode des Streifenleiters

(2.171) unter Beachtung der Randwerte verschwindender Felder im Unendlichen der l-te Eigenwert $(n_{eff\,l}(y_i)k)$ und die zugeordnete Feldverteilung $\phi_{xy}(x_i, y_i)$ ermittelt.

Wiederholen wir diese in Abb. 2.15 noch einmal zusammengefaßte Prozedur für eine dichte Serie diskreter y_i, so erhalten wir eine punktweise Verteilung von $n_{eff\,l}(y_i)$ und $\phi_{xy}(x, y_i)$, aus welchen wir durch Interpolation die funktionalen Verläufe $n_{eff\,l}(y)$ und $\phi_{xy}(x, y)$ gewinnen. Den Verlauf $n_{eff\,l}$ setzen wir in die Differentialgleichung (2.170) ein. Daraus wird wieder analog zum Filmwellenleiter der m-te Eigenwert und die ihm zugeordnete Feldverteilung $\phi_y(y)$ wie in Abb. 2.16 ermittelt.

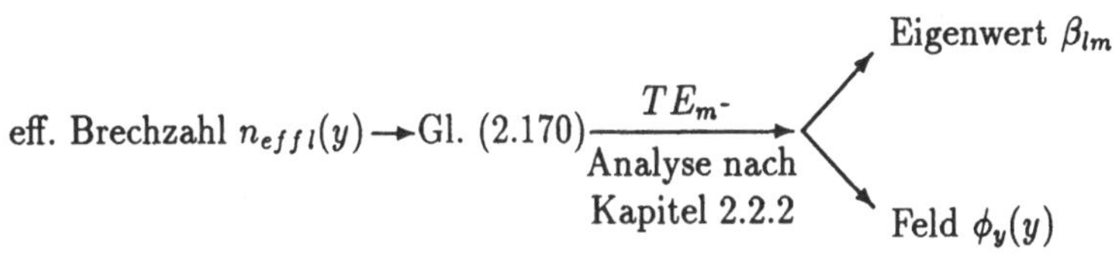

Abbildung 2.16: Schema der Bestimmung der Phasenkonstante β_{lm} bei bereits bekanntem funktionalen Verlauf der effektiven Brechzahl $n_{eff\,l}(x, y)$ für einen $E_{lm}^{x,y}$-Mode

Dieser Eigenwert schließlich ist die gesuchte Phasenkonstante β_{lm} des E^x_{lm}- bzw. E^y_{lm}-Modes des Streifenleiters. Die Gesamt-Feldverteilung erhalten wir nach Gl. (2.166) aus dem Produkt der Teillösungen $\phi(x,y) = \phi_y(y)\phi_{xy}(x,y)$. Mit Hilfe der Aufspaltung des zweidimensionalen Problems in eine Serie diskreter eindimensionaler Probleme können wir also Streifenleiter beliebiger Brechzahlverteilung berechnen, solange nur gewährleistet ist, daß die Brechzahlunterschiede zwischen Streifen und Umgebung gering sind. Dabei sind die Ergebnisse umso genauer, je schwächer die Variation von $\phi(x,y) = \phi_y(y)\phi_{xy}(x,y)$ bezüglich der y-Koordinate ist, d.h. je flacher der Querschnitt des Streifenleiters ist. Besonders einfach wird die Anwendung der "Effektiven-Index-Methode" für einen Streifenleiter mit rechteckigem Querschnitt und scharfen Brechzahlsprüngen, wie er in Abb. 2.17 dargestellt ist.

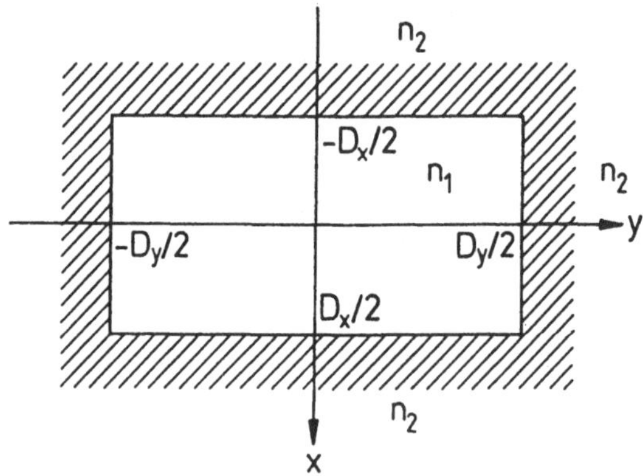

Abbildung 2.17: Streifenleiter mit Stufenindexprofil

Berechnen wir bei diesem Streifenleiter die effektive Brechzahl gemäß dem Schema von Abb. 2.15, so finden wir für alle y_i im Inneren des Streifens $|y_i| \leq D_y/2$ einen äquivalenten Filmwellenleiter der Dicke D_x und den konstanten Brechzahlen n_1 und n_2. Als Lösung von Gl. (2.171) weist dieser äquivalente Filmwellenleiter für alle diese y_i die gleiche effektive Brechzahl $n_{eff\,l}$ und den gleichen Feldverlauf $\phi_{xyl}(x,y_i)$ auf. Außerhalb des Streifens $|y_i| > D_y/2$ weist der Film sowohl im Innen- wie im Außenmedium die gleiche konstante Brechzahl n_2 auf. Es gibt hier keinen Unterschied zwischen Film und Außenmedium; die effektive Brechzahl ist daher gleich der des homogenen Mediums n_2. Der Gesamtverlauf der effektiven Brechzahl lautet daher

$$n_{eff\,l}(y) = \begin{cases} n_{eff_l} & \textit{für} \ |y| \leq D_y/2 \\ n_2 & \textit{für} \ |y| > D_y/2 \end{cases} \tag{2.172}$$

Mit diesem stückweise konstanten Verlauf von $n_{eff\,l}(y)$ gehen wir in das Schema von Abb. 2.16. Der Eigenwert des TE_m-Modes des äquivalenten Filmwellenleiters mit Sprungprofil der Dicke D_y entsprechend Gl. (2.172) ist dann die gesuchte Phasenkonstante β_{lm} des E^x_{lm}- bzw. E^y_{lm}-Modes des Streifenwellenleiters von Abb. 2.17.

Die so erhaltenen Phasenkurven des $E^{x,y}_{11}$- und des $E^{x,y}_{12}$-Modes sind ab Abb. 2.18 in normierter Darstellung für die Seitenverhältnisse $D_y/D_x = 1$, $D_y/D_x = 2$ und $D_y/D_x \rightarrow \infty$ aufgetragen.

Beim Übergang vom quadratischen Wellenleiter $D_y/D_x = 1$ zum Extremfall des Filmwellenleiters $D_y/D_x \rightarrow \infty$ nimmt die Phasenkonstante zu, die Lichtwellen werden stärker im Inneren des Streifens konzentriert.

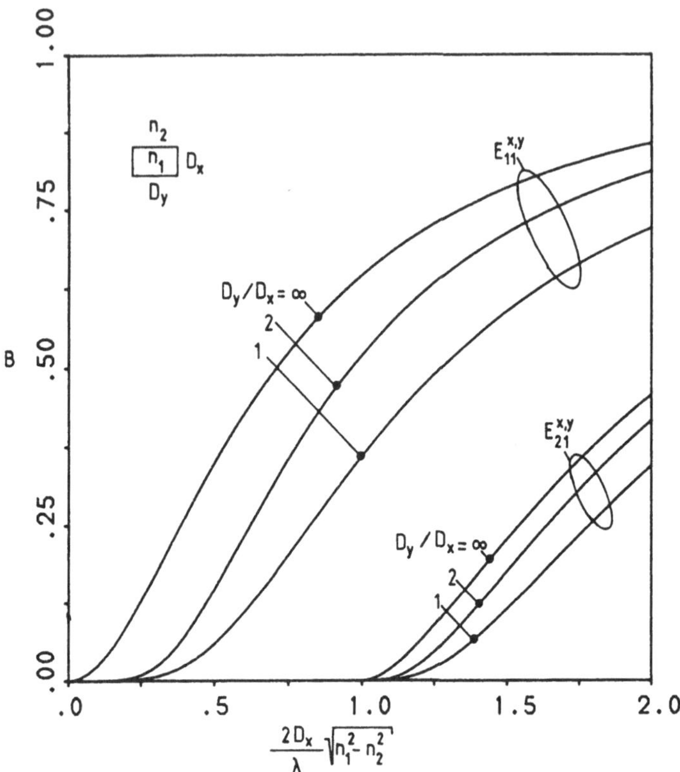

Abbildung 2.18: Normierte Phasenkurven des schwach führenden Streifenleiters für verschiedene Seitenverhältnisse D_y/D_x

Kapitel 3

Glasfasern

Das wesentliche Element der optischen Nachrichtentechnik zur Übermittlung von Signalen ist die Glasfaser. Um hohe Datenraten über große Entfernungen übertragen zu können, muß solch eine Faser möglichst verzerrungsarm bei minimaler Dämpfung sein. Beide Eigenschaften hängen sowohl vom Material als auch vom Brechzahlprofil des Faserkerns ab. Beim Filmwellenleiter besteht das Problem der verzerrungsfreien Übertragung im allgemeinen nicht, da hier nur kleine Abstände ($\sim$ cm) zu überbrücken sind.

In Abb. 3.1 ist der Aufbau einer Glasfaser schematisch dargestellt. Wie beim Film- und Streifenwellenleiter wird hier das Licht durch Totalreflexion an der Grenzfläche zwischen Kern und Mantel geführt. Zu diesem Zweck ist der Kern mit dem Brechzahlverlauf $n_K(r)$ von einem Mantel mit etwas niedrigerem Brechungsindex n_M umgeben. Der Außenradius R_M des Mantels ist ausreichend groß, weshalb die Eigenschaften der Manteloberfläche keinen merklichen Einfluß auf die vom Kern geführten Moden, die sogenannten Kernmoden, haben.

Zusätzlich dazu gibt es sogenannte Mantelmoden, die vom Mantel durch Totalreflexion an der Grenzfläche bei R_M geführt werden. Diese erstrecken sich bis zur Faseraußenfläche und reagieren entsprechend empfindlich auf deren Beschaffenheit. Sie werden im allgemeinen stark gedämpft und haben keine technische Bedeutung. Wegen des verschwindend geringen Einflusses der Manteloberflächen auf die Eigenschaften der Kernmoden ist der genaue Wert von R_M unwesentlich, solange nur die Bedingung $R_M \gg R$ erfüllt ist. Es ist daher möglich,

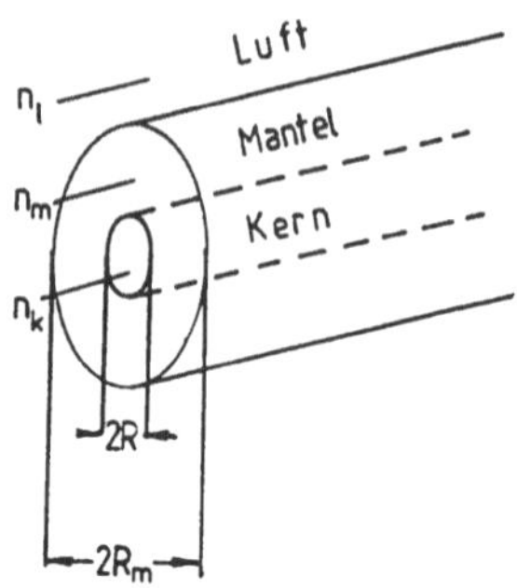

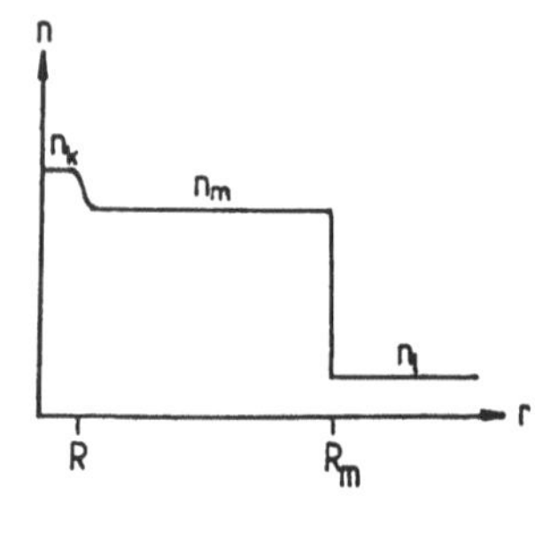

Abbildung 3.1: Typischer Aufbau einer Glasfaser

von der Idealisierung eines unendlich weit ausgedehnten Mantels auszugehen, ohne eine Verfälschung der Ergebnisse durch diese Näherung befürchten zu müssen.

Trotz dieser vereinfachenden Annahme ist eine analytische Behandlung der Glasfaser nur für sehr wenige spezielle Formen des Brechzahlprofils (einfaches Sprungprofil, unendlich ausgedehntes Parabelprofil) möglich. Auf eine Darstellung dieser Sonderfälle soll verzichtet werden; statt dessen wird in diesem Kapitel nach einem kurzen Exkurs über die strahlenoptische Näherung ein auf numerischen Methoden basierendes Verfahren beschrieben, welches es erlaubt, die optischen Eigenschaften von Glasfasern beliebig geformten Brechzahlprofils zu berechnen.

3.1 Strahlenoptische Näherung

Interessiert man sich nicht so sehr für die exakten Werte der Phasenkonstanten der einzelnen Moden als vielmehr für das globale Ausbreitungsverhalten der Gesamtheit aller Moden und die daraus resultierenden Pulsverzerrungen, so erhält man bereits mit der strahlenoptischen Näherung recht brauchbare Ergebnisse.

Im Rahmen dieser Näherung müssen folgende Bedingungen erfüllt sein:

a) Der Kerndurchmesser sei mehr als hundert Wellenlängen groß, d.h. es existiere eine sehr große Zahl ausbreitungsfähiger Moden.

b) Der Brechzahlunterschied zwischen Kern und Mantel betrage weniger als 10^{-2}; durch die schwache Führung sind dann die Wellen im wesentlichen transversal.

c) Die radiale Brechzahländerung im Bereich einer Wellenlänge sei vernachlässigbar gering.

Unter diesen Voraussetzungen kann die Phasenkonstante aus den Interferenzbedingungen für die dem einzelnen Mode zugeordneten Wellenfronten bestimmt werden. Konstruktive Interferenz liegt im zylindrischen Koordinatensystem dann vor, wenn sich sowohl in azimutaler wie in radialer Richtung stehende Wellen ausbilden und nur in z-Richtung Wellenausbreitung erfolgt.

Abbildung 3.2 zeigt den Wellenvektor $n_K(r)\vec{k}(r)$ und seine drei Komponenten im Innern einer Faser. Sie sind durch

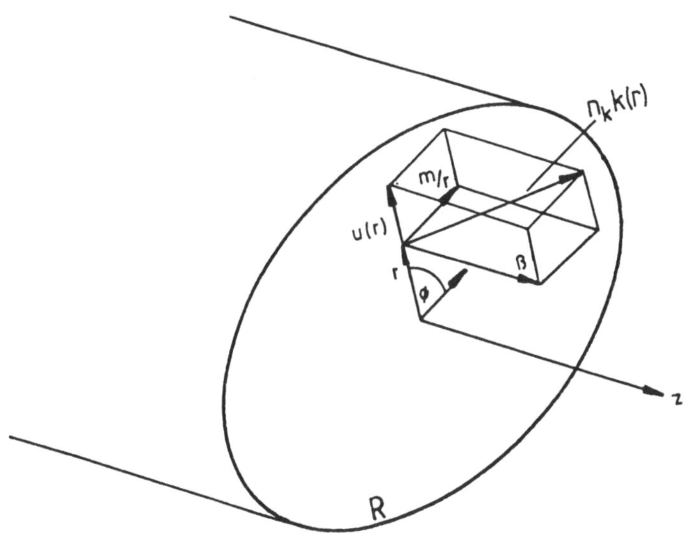

Abbildung 3.2: Komponenten des Wellenvektors $n_K\vec{k}$ in Zylinderkoordinaten

$$n_K(r)\vec{k}(r) = u(r)\vec{e}_r + \frac{m}{r}\vec{e}_\varphi + \beta\vec{e}_z \tag{3.1}$$

definiert. Die φ-Komponente (m/r) erfüllt bereits die Forderung konstruktiver Interferenz der Phasen nach einem Umlauf

$$\Delta\phi_\varphi = \int_0^{2\pi} (n_k(r)k_\varphi) r \, d\varphi \stackrel{!}{=} m2\pi; \tag{3.2}$$

m ist die ganzzahlige Umfangsordnung. Damit ist die azimutale Komponente durch

$$n_K(r)k_\varphi = \frac{m}{r} \tag{3.3}$$

festgelegt.

Die Phasenkonstante β ist die Projektion des Wellenvektors in Ausbreitungsrichtung z. Neben β ist zunächst auch die radiale Komponente $u(r)$ unbekannt. Die Anwendung des Satzes des Pythagoras auf die Komponenten von Gl. (3.1) liefert

$$u(r) = \sqrt{n_K^2(r)k^2 - \beta^2 - \frac{m^2}{r^2}}. \tag{3.4}$$

Entsprechend Gl. (3.4) gibt es für ein bestimmtes β und m zwei Radien $R_1(\beta)$ und $R_2(\beta)$, an denen der radiale Wellenvektor $u(r)$ Null wird. Zwischen den beiden Grenzen ist $u(r)$ reell und es können sich dort radial stehende Wellen ausbilden. Wegen $u(R_1) = 0$ und $u(R_2) = 0$ ist der Mode zwischen den Grenzen R_1 und R_2 gefangen; wir haben einen geführten Mode vor uns. Abbildung 3.3 zeigt dessen schraubenförmige Wege im Inneren der Faser.

Die Projektion des Strahlenverlaufs auf den Faserquerschnitt hängt vom Brechzahlverlauf $n_K(r)$ ab.

Während in azimutaler Richtung konstruktive Interferenz durch den Ansatz (m/r) sichergestellt ist, erfolgt dies für die radial hin- und herlaufenden Wellen durch die Forderung radial stehender Wellen gemäß der Phasenbeziehung

$$\Delta\phi_r = \int_{R_1(\beta)}^{R_2(\beta)} u(r) \, dr = \int_{R_1(\beta)}^{R_2(\beta)} \sqrt{n_K^2(r)k^2 - \beta^2 - \frac{m^2}{r^2}} \, dr \stackrel{!}{=} p\pi. \tag{3.5}$$

Gleichung (3.5) erweist sich als die gesuchte Bestimmungsgleichung für β. Die ganze Zahl p gibt hierbei die Anzahl der Halbperioden der in

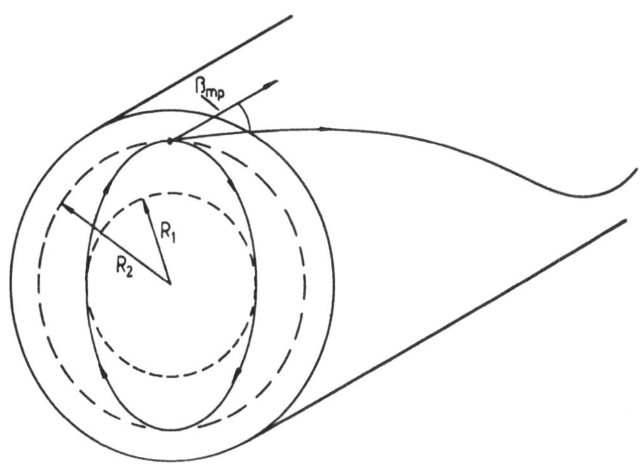

Abbildung 3.3: Schraubenbahnen und deren Querschnittsprojektion

radialer Richtung stehenden Wellen an. Die beiden Radien R_1 und R_2 hängen von β, m, k sowie dem Brechzahlverlauf $n_K(r)$ ab. Dieser Zusammenhang ist qualitativ in Abb. 3.4 dargestellt.

Die Berechnung von β_{mp} für eine gegebene Umfangsordnung m erfolgt zweckmäßigerweise numerisch auf folgende Weise: Für ein versuchsweise angesetztes $\tilde{\beta}$ ermittelt man zunächst die Radien $R_1(\tilde{\beta})$, $R_2(\tilde{\beta})$, die entsprechend ihrer Definition $u(R_{1,2}) = 0$ durch

$$n_K^2(R_{1,2})k^2 - \frac{m^2}{R_{1,2}^2} = \tilde{\beta}^2 \tag{3.6}$$

festgelegt sind. Mit diesen $R_1(\tilde{\beta}), R_2(\tilde{\beta})$ als Integrationsgrenzen wird jetzt das Integral in Gl. (3.5) bestimmt. Falls das Ergebnis kein ganzzahliges Vielfaches von π liefert, muß $\tilde{\beta}$ variiert und mit diesem neuen Wert die Prozedur wiederholt werden. Dies hat so lange zu erfolgen, bis die Bedingung von Gl. (3.5) erfüllt ist.

Der so ermittelte $\tilde{\beta}$-Wert ist dann identisch mit der gesuchten Pha-

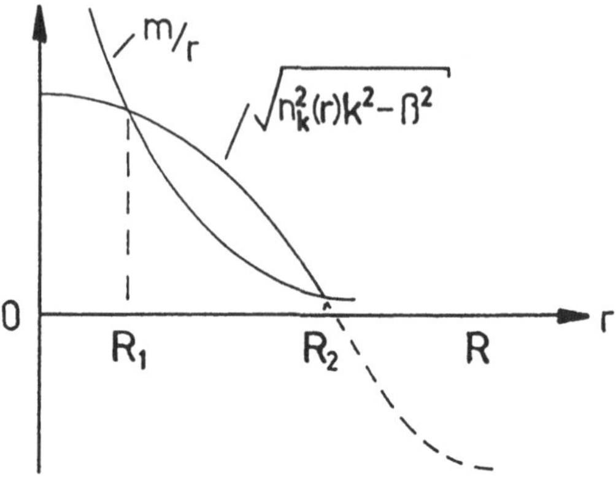

Abbildung 3.4: Bereich zwischen R_1 und R_2, in dem radial stehende Wellen möglich sind.

senkonstante β_{mp}. Durch Variation von β zwischen den Grenzen

$$max[n_K(r)k] > \beta > n_M k \tag{3.7}$$

und Auswertung der Gln. (3.5) - (3.6) läßt sich also die Phasenkonstante aller ausbreitungsfähigen Moden des Wellenleiters ermitteln. Der Vorteil relativ einfacher Berechenbarkeit wurde jedoch erkauft durch die Einschränkung auf die geforderten großen Dimensionen und kleinen Brechzahldifferenzen der Faser. Es können also speziell nur Multimodefasern mit dieser Methode erfaßt werden.

Bei der Untersuchung von Fasern hingegen, die diese Voraussetzungen nicht erfüllen, wie z.B. Monomodefasern, läßt sich die strahlenoptische Näherung nicht mehr anwenden und es muß auf die klassische Maxwellsche Theorie zurückgegriffen werden.

3.2 Wellenoptik

Die Ausbreitung der Moden in der Glasfaser läßt sich wie beim Filmwellenleiter durch eine Wellengleichung beschreiben. Zu deren Herleitung bildet man vom Induktionsgesetz

$$rot\,\vec{E} = -\mu_0 \frac{\partial \vec{H}}{\partial t} \tag{3.8}$$

den Rotor

$$rot\,rot\,\vec{E} = -\mu_0 \frac{\partial}{\partial t}(rot \vec{H}). \tag{3.9}$$

Mit dem Durchflutungsgesetz

$$rot\,\vec{H} = n^2 \varepsilon_0 \frac{\partial \vec{E}}{\partial t} \tag{3.10}$$

erhält man daraus

$$rot\,rot\,\vec{E} + n^2 \varepsilon_0 \mu_0 \frac{\partial^2 \vec{E}}{\partial t^2} = 0. \tag{3.11}$$

Hierbei wird vorausgesetzt, daß der Brechungsindex n nicht von der Zeit abhängt.

Für den Doppelrotor eines beliebigen Vektors $\vec{v}$ gilt die Identität der Vektoranalysis

$$rot\,rot\,\vec{v} = grad\,div\,\vec{v} - \Delta \vec{v}. \tag{3.12}$$

Das Symbol Δ steht für den Laplace-Operator. Damit schreibt sich Gl. (3.11)

$$grad\,div\,\vec{E} - \Delta \vec{E} + n^2 \varepsilon_0 \mu_0 \frac{\partial^2 \vec{E}}{\partial t^2} = 0. \tag{3.13}$$

Aus der Divergenzfreiheit der Verschiebungsstromdichte $\vec{D}$ im ladungsträgerfreien Raum

$$div\,\vec{D} = 0. \tag{3.14}$$

mit

$$\vec{D} = n^2 \varepsilon_0 \vec{E} \tag{3.15}$$

ergibt sich

$$div(n^2 \varepsilon_0 \vec{E}) = \varepsilon_0 \vec{E} \circ grad\, n^2 + n^2 \varepsilon_0\, div\,\vec{E} = 0. \tag{3.16}$$

Eingesetzt in Gl. (3.13) folgt daraus die allgemeine vektorielle Wellengleichung für das elektrische Feld

$$\Delta\vec{E} + grad \left[\frac{1}{n^2}(grad\, n^2) \circ \vec{E}\right] - \frac{n^2}{c^2}\frac{\partial^2\vec{E}}{\partial t^2} = 0\,, \tag{3.17}$$

wobei der Zusammenhang der Vakuumlichtgeschwindigkeit

$$c = \frac{1}{\sqrt{\varepsilon_0\mu_0}} \tag{3.18}$$

mit ε_0 und μ_0 berücksichtigt wurde.

Zur Herleitung der Wellengleichung des magnetischen Feldes geht man vom Rotor des Durchflutungsgesetzes Gl. (3.10) aus

$$\begin{aligned} rot\, rot\, \vec{H} &= rot \left[n^2\varepsilon_0\frac{\partial\vec{E}}{\partial t}\right] \qquad (3.19) \\ &= n^2\varepsilon_0\frac{\partial}{\partial t}(rot\vec{E}) - \varepsilon_0\frac{\partial\vec{E}}{\partial t} \times grad\, n^2. \end{aligned}$$

Setzt man $rot\,\vec{E}$ bzw. $\frac{\partial\vec{E}}{\partial t}$ entsprechend den Gln. (3.8) bzw. (3.10) ein, so ergibt sich

$$rot\, rot\, \vec{H} = n^2\varepsilon_0\left(-\mu_0\frac{\partial^2\vec{H}}{\partial t^2}\right) - \frac{1}{n^2}\, rot\, \vec{H} \times grad\, n^2. \tag{3.20}$$

Die Identität der Vektoranalysis für den Doppelrotor Gl. (3.12) liefert unter Berücksichtigung der Quellenfreiheit

$$rot\, rot\, \vec{H} \equiv grad\, div\, \vec{H} - \Delta\vec{H} = -\Delta\vec{H}. \tag{3.21}$$

Mit Gl. (3.20) folgt daraus die vektorielle Wellengleichung

$$\Delta\vec{H} + \frac{1}{n^2}(grad\, n^2) \times rot\, \vec{H} - \frac{n^2}{c^2}\frac{\partial^2\vec{H}}{\partial t^2} = 0. \tag{3.22}$$

Im allgemeinen Fall eines nichtverschwindenden Gradienten der Brechzahl sind die drei Komponenten von $\vec{E}$ bzw. von $\vec{H}$ in Wellengleichung (3.17) bzw. (3.22) miteinander verkoppelt, was die Lösung dieser Differentialgleichungen wesentlich erschwert.

3.2.1 Die vektorielle Wellengleichung

Da die gesuchten Feldverteilungen harmonischen Wellen entsprechen sollen, die sich entlang der Faser in z-Richtung fortpflanzen, werden sie in Zylinderkoordinaten durch den Ansatz

$$\vec{E}(r,\varphi,z,t) = \vec{E}(r,\varphi)\exp[j(\omega t - \beta z)] \tag{3.23}$$

$$\vec{H}(r,\varphi,z,t) = \vec{H}(r,\varphi)\exp[j(\omega t - \beta z)] \tag{3.24}$$

beschrieben. Zur Bestimmung von $\vec{E}(r,\varphi), \vec{H}(r,\varphi)$ ist es hinreichend, die Wellengleichungen nur für die longitudinalen Komponenten $E_z(r,\varphi)$ bzw. $H_z(r,\varphi)$ zu lösen. Die restlichen transversalen Komponenten sind durch diese eindeutig festgelegt, wie wir später noch sehen werden.

Durch Separation der Variablen läßt sich zeigen, daß die azimutale Abhängigkeit der Lösungen der Wellengleichungen durch $\sin(m\varphi + \delta)$ und $\cos(m\varphi + \delta)$ gegeben ist. Hierbei ist die Umfangsordnung m eine beliebige ganze Zahl. Es gilt daher

$$E_z(r,\varphi) = E_z(r)\cos(m\varphi + \delta) \tag{3.25}$$

$$H_z(r,\varphi) = H_z(r)\sin(m\varphi + \delta) \tag{3.26}$$

Durch die Wahl unterschiedlicher Winkelabhängigkeiten für E_z und H_z sind die azimutalen Stetigkeitsbedingungen der transversalen Feldkomponenten bereits berücksichtigt. Diese Phase δ hat für Umfangsordnungen $m > 0$ keine physikalische Bedeutung, da eine Variation $\Delta\delta$ lediglich einer Drehung der axialsymmetrischen Faser um den Winkel $\Delta\delta$ äquivalent ist. Im Falle axialsymmetrischer Feldverteilungen bei $m = 0$ hingegen muß durch die Wahl $\delta = 0$ bzw. $\delta = \pi/2$ sichergestellt werden, daß beide möglichen Feldkombinationen $E_z \neq 0, H_z = 0$ bzw. $E_z = 0, H_z \neq 0$ berücksichtigt werden.
Aus dem Radialverlauf der Longitudinalkomponenten $E_z(r)$ und $H_z(r)$ folgen die Feldverteilungen der Transversalkomponenten

$$E_r(r,\varphi) = -\frac{j}{u^2(r)}\left[\beta\frac{dE_z(r)}{dr} + k\sqrt{\frac{\mu_0}{\varepsilon_0}}\frac{m}{r}H_z(r)\right]\cos(m\varphi + \delta) \tag{3.27}$$

$$E_\varphi(r,\varphi) = +\frac{j}{u^2(r)}\left[\beta\frac{m}{r}E_z(r) + k\sqrt{\frac{\mu_0}{\varepsilon_0}}\frac{dH_z(r)}{dr}\right]\sin(m\varphi + \delta) \tag{3.28}$$

$$H_r(r,\varphi) = -\frac{j}{u^2(r)}\left[n^2(r)k\sqrt{\frac{\varepsilon_0}{\mu_0}}\frac{m}{r}E_z(r) + \beta\frac{dH_z(r)}{dr}\right]\sin(m\varphi+\delta) \tag{3.29}$$

$$H_\varphi(r,\varphi) = -\frac{j}{u^2(r)}\left[n^2(r)k\sqrt{\frac{\varepsilon_0}{\mu_0}}\frac{dE_z(r)}{dr} + \beta\frac{m}{r}H_z(r)\right]\cos(m\varphi+\delta) \tag{3.30}$$

mit der Abkürzung

$$u^2(r) = n^2(r)k^2 - \beta^2. \tag{3.31}$$

Die Longitudinalkomponenten $E_z(r)$ und $H_z(r)$ sind durch die Wellengleichungen (3.17) und (3.22) festgelegt, welche mit den Ansätzen (3.23) - (3.26) lauten

$$\left.\begin{array}{ll}\frac{d^2E_z(r)}{dr^2} + \frac{1}{r}\frac{dE_z(r)}{dr} + \left(u^2(r) - \frac{m^2}{r^2}\right)E_z(r) & \\ -\frac{1}{u^2(r)}\left(\frac{1}{n^2(r)}\frac{dn^2(r)}{dr}\right)\left(\beta^2\frac{dE_z(r)}{dr} + \beta k\sqrt{\frac{\mu_0}{\varepsilon_0}}\frac{m}{r}H_z(r)\right) & = 0 \\ \frac{d^2H_z(r)}{dr^2} + \frac{1}{r}\frac{dH_z(r)}{dr} + \left(u^2(r) - \frac{m^2}{r^2}\right)H_z(r) & \\ -\frac{1}{u^2(r)}\left(\frac{dn^2(r)}{dr}\right)\left(k^2\frac{dH_z(r)}{dr} + \beta k\sqrt{\frac{\varepsilon_0}{\mu_0}}\frac{m}{r}E_z(r)\right) & = 0\end{array}\right\} \tag{3.32}$$

Die Wellengleichung für die Longitudinalkomponenten erweist sich also als ein System gekoppelter gewöhnlicher linearer Differentialgleichungen 2. Ordnung. Im allgemeinen existieren für dieses System keine analytischen Lösungen. Im Spezialfall räumlich konstanter Brechzahl hingegen verschwindet der Gradient dn^2/dr; damit wird die Verkopplung zwischen $E_z(r)$ und $H_z(r)$ aufgehoben und es ergeben sich für $E_z(r)$ und $H_z(r)$ zwei voneinander unabhängige Besselsche Differentialgleichungen. Diese haben als analytische Lösungen für $u^2 > 0$ die (oszillatorischen) Besselfunktionen 1. Art $J_m(ur)$ und 2. Art $Y_m(ur)$ bzw. für $u^2 < 0$ die (monotonen) modifizierten Besselfunktionen 1. Art $I_m(jur)$ und 2. Art $K_m(jur)$. In Abb. 3.5 sind die vier Typen von Besselfunktionen für die Ordnungen $m = 0, 1$ und 2 dargestellt.

Im allgemeinen Fall einer radialen Variation des Brechzahlverlaufs weichen die Lösungen mehr oder weniger stark vom Verlauf der Bes-

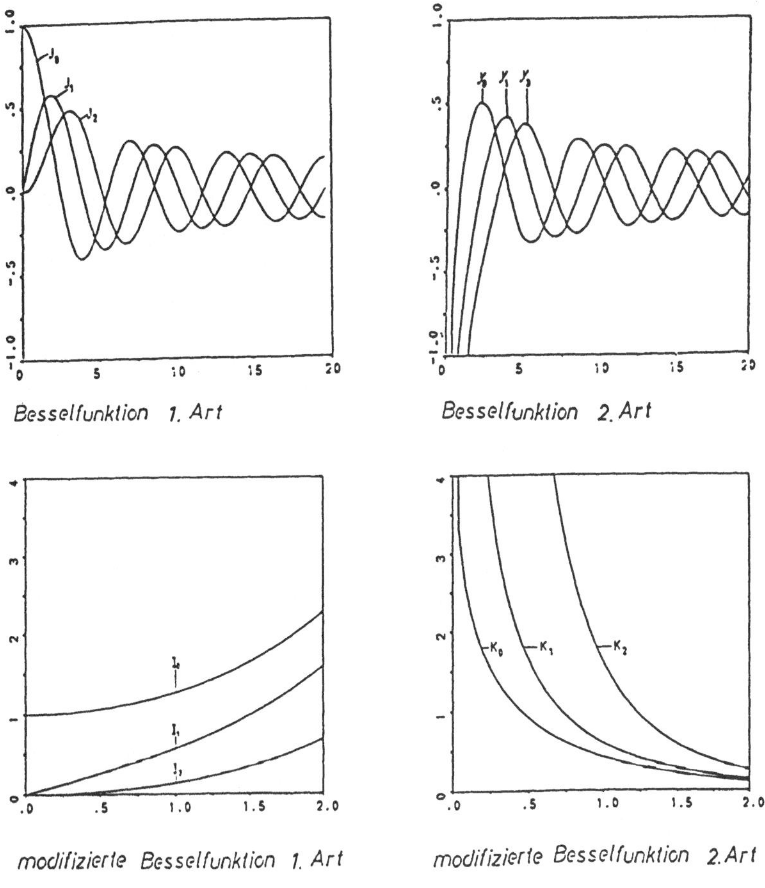

Abbildung 3.5: Zylinderfunktionen der Ordnung $m = 0$ und $m = 1$.

selfunktionen ab. Die folgenden wesentlichen Eigenschaften bleiben jedoch für jede beliebige Form des Brechzahlprofils erhalten: In denjenigen radialen Bereichen, in denen der Term $u^2(r)$ größer als Null ist, haben die Lösungen der Differentialgleichung immer einen oszillatorischen Charakter, wobei eine der Lösungen an der Stelle $r = O$ eine Singularität aufweist. In denjenigen Bereichen, in denen $u^2(r)$ kleiner Null ist, ist der Charakter der Lösungen immer exponentialartig, und eine der Lösungen wächst mit zunehmendem r unbegrenzt.

3.2.2 Randwertproblem und Eigenwertgleichung

Die Unterdrückung der mathematisch zwar zulässigen, physikalisch aber sinnlosen Lösungen unendlich hoher Feldamplituden an den Grenzen $r \to 0$ und $r \to \infty$ wird durch die vier Randbedingungen

$$\lim_{r \to 0} | \vec{E} | < \infty \tag{3.33}$$

$$\lim_{r \to 0} | \vec{H} | < \infty \tag{3.34}$$

$$\lim_{r \to \infty} | r\vec{E} | = 0 \tag{3.35}$$

$$\lim_{r \to \infty} | r\vec{H} | = 0 \tag{3.36}$$

erzwungen. Diese erfüllen die für geführte Moden notwendige Konvergenz des Integrals des Poyntingvektors über den gesamten Faserquerschnitt und die Sommerfeldsche Strahlungsbedingung. Die Berücksichtigung der Randbedingungen geschieht im Falle bekannter analytischer Lösungen der Wellengleichung einfach durch Weglassen der bei $r \to 0$ bzw. $r \to \infty$ divergierenden Funktionen. Diese wären z.B. bei stückweise konstantem Brechzahlprofil die Besselfunktion 2. Art Y_m bzw. die modifizierte Besselfunktion 1. Art I_m.

Bei einer numerischen Integration der Wellengleichung hingegen treten die Lösungen nicht explizit getrennt in Form einer beschränkten und einer unbeschränkten Funktion auf. Vielmehr stellt sich hier das Problem zunächst in Form einer Anfangswertaufgabe; d.h. die numerische Integrationsroutine für das Differentialgleichungssystem (3.32) benötigt die vier Anfangswerte

$$\left.\begin{array}{rcl} E_{z0} & = & E_z(r=0) \\ (dE_z/dr)_0 & = & dE_z/dr\,|_{r=0} \\ H_{z0} & = & H_z(r=0) \\ (dH_z/dr)_0 & = & dH_z/dr\,|_{r=0} \end{array}\right\} \quad (3.37)$$

Zur Berücksichtigung der ersten beiden Randbedingungen (3.33) - (3.34) müssen diese so gewählt werden, daß die Felder an der Stelle $r = 0$ beschränkt bleiben. Zu diesem Zweck werden $E_z(r)$ und $H_z(r)$ als Taylor-Reihen um den Nullpunkt entwickelt

$$E_z(r) = a_0 + a_1 r + a_2 r^2 + \cdots \quad (3.38)$$

$$H_z(r) = b_0 + b_1 r + b_2 r^2 + \cdots \quad (3.39)$$

und in das Differentialgleichungssystem (3.32) eingesetzt, welches für $r \to 0$ die singulären Terme

$$\frac{1}{r}\frac{dE_z(r)}{dr} - \frac{m^2}{r^2}E_z(r) + f_b\frac{m}{r}H_z(r) \quad (3.40)$$

$$= (\frac{a_1}{r} + 2a_2 + \cdots) - m^2(\frac{a_0}{r^2} + \frac{a_1}{r} + a_2 + \cdots) + f_b m(\frac{b_0}{r} + b_1 + \cdots)$$

und

$$\frac{1}{r}\frac{dH_z(r)}{dr} - \frac{m^2}{r^2}H_z(r) + f_a\frac{m}{r}E_z(r) \quad (3.41)$$

$$= (\frac{b_1}{r} + 2b_2 + \cdots) - m^2(\frac{b_0}{r^2} + \frac{b_1}{r} + b_2 + \cdots) + f_a m(\frac{a_0}{r} + a_1 + \cdots)$$

mit den Abkürzungen

$$f_a = -\frac{1}{u^2(r)}\frac{dn^2(r)}{dr}\beta k\sqrt{\frac{\varepsilon_0}{\mu_0}} \quad (3.42)$$

$$f_b = -\frac{1}{u^2(r)}\left(\frac{1}{n^2(r)}\frac{dn^2(r)}{dr}\right)\beta k\sqrt{\frac{\mu_0}{\varepsilon_0}} \quad (3.43)$$

aufweist.

Die durch die Gln. (3.40) - (3.41) beschriebenen Terme der Wellengleichung (3.32) müssen beide für $r \to 0$ beschränkt bleiben, um unendlich hohe Amplituden für E_z und H_z zu vermeiden. Im Fall $m = 0$ ist das

System (3.32) bei $r = 0$ nur dann beschränkt, wenn die Koeffizienten a_1 bzw. b_1 gleich Null sind; d.h. $(dE_z/dr)_0 = 0$ bzw. $(dH_z/dr)_0 = 0$ bei beliebigen Werten für E_{z0} bzw. H_{z0}. Für $m = 1$ kürzen sich a_1/r bzw. b_1/r heraus. Es müssen daher a_0 bzw. b_0 verschwinden, d.h. $E_{z0} = 0$ bzw. $H_{z0} = 0$ bei beliebigen Werten für $(dE_z/dr)_0$ bzw. $(dH_z/dr)_0$. Für $m \geq 2$ müssen sowohl a_0 bzw.b_0 als auch a_1 bzw. b_1 verschwinden, d.h. $E_{z0} = H_{z0} = (dE_z/dr)_0 = (dH_z/dr)_0 = 0$. Auf diesen für die numerische Integration von Gl. (3.32) problematischen Fall soll später eingegangen werden.

Die so erhaltenen Anfangsbedingungen lassen sich in Form eines Anfangswertvektors darstellen

$$\begin{bmatrix} E_{z0} \\ (dE_z/dr)_0 \\ H_{z0} \\ (dH_z/dr)_0 \end{bmatrix} = \begin{cases} \begin{bmatrix} A \\ 0 \\ B \\ 0 \end{bmatrix} & \mathit{für} \quad m = 0 \\ \begin{bmatrix} 0 \\ A \\ 0 \\ B \end{bmatrix} & \mathit{für} \quad m = 1 \\ \begin{bmatrix} 0 \\ 0 \\ 0 \\ 0 \end{bmatrix} & \mathit{für} \quad m \geq 2 \end{cases} \tag{3.44}$$

wobei die beiden Koeffizienten A und B zunächst Unbekannte sind, die im folgenden noch bestimmt werden müssen. Ausgehend von diesem Anfangswertvektor kann das Differentialgleichungssystem (3.32) abhängig von A und B mit Hilfe einer numerischen Lösungsroutine beginnend von $r = 0$ bis zu beliebigen Radien r integriert werden.
Zur Berücksichtigung der Randbedingungen (3.35) - (3.36) verschwindender Felder im Unendlichen setzen wir einen konstanten Brechzahlverlauf n_M=const. im Fasermantel voraus. Diese Annahme ist praktisch bei allen realisierten Glasfasern erfüllt. Damit zerfällt das gekoppelte Differentialgleichungssystem (3.32) in zwei unabhängige Besselsche Differentialgleichungen. Von den vier möglichen Lösungstypen, den Besselfunktionen J_m, Y_m, I_m, K_m, werden obige Randbedingungen alleine durch die modifizierten Besselfunktionen 2. Art K_m erfüllt. Das erfor-

dert, daß der Term u^2 des Systems (3.32) für Radien im Bereich des Fasermantels kleiner Null ist, d.h. $\beta^2 > n_M^2 k^2$.

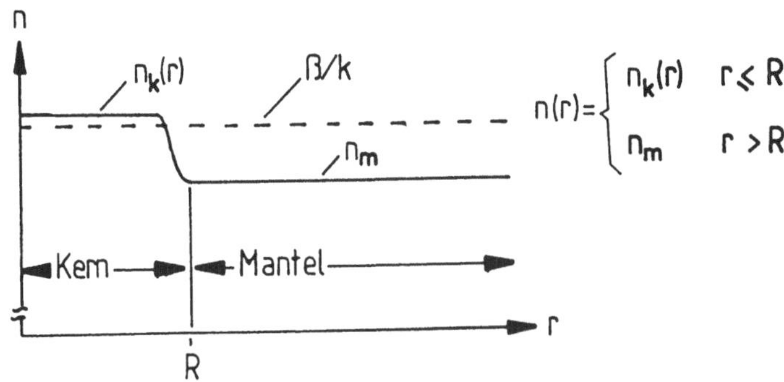

Abbildung 3.6: Brechzahlverlauf und Phasenkonstante

Damit folgt, wie in Abb. 3.6 schematisch dargestellt, für den möglichen Bereich der Phasenkonstante

$$\max(n_K(r)k) > \beta > n_M k \tag{3.45}$$

Somit sind die Longitudinalkomponenten im Fasermantel

$$E_z(r > R) = C \cdot K_m(vr) \tag{3.46}$$
$$H_z(r > R) = D \cdot K_m(vr) \tag{3.47}$$

mit den Abkürzungen

$$v = ju(r > R) = \sqrt{\beta^2 - n_M^2 k^2}\,. \tag{3.48}$$

Die K_m streben für große Argumente stärker als $1/r$ gegen Null; es ist daher das Integral der Strahlungsleistung über den Faserquerschnitt konvergent. Die Singularität von K_m bei $r \to 0$ stört hier nicht, da die Lösungen (3.46) - (3.47) ausschließlich auf den Mantelbereich $r > R > 0$ beschränkt sind.

Mit dem Anfangswertvektor (3.44) und den Lösungen im Mantelbereich (3.46) - (3.47) sind damit alle vier Randbedingungen erfüllt.

Zur Bestimmung der dabei aufgetretenen unbekannten Koeffizienten A, B, C, D betrachten wir die Grenze bei $r = R$, an der die durch die numerische Integration des Systems (3.32) gewonnenen Lösungen des Kernbereichs auf die Lösungen (3.46) - (3.47) des Mantelbereichs stoßen. Aufgrund der aus den Rotorgleichungen (3.8) und (3.10) folgenden Stetigkeitsforderungen für die Tangentialkomponenten müssen bei $r = R$ die inneren und äußeren Lösungen für E_z, H_z, E_φ, H_φ stetig ineinander übergehen. Diese Stetigkeitsforderungen liefern die vier notwendigen Bestimmungsgleichungen für die Koeffizienten A, B, C, D. Jedoch tritt dabei das numerisch schwierige Problem auf, daß die Koeffizienten A, B des Anfangswertvektors durch die Kopplung von E_z mit H_z durch das Differentialgleichungssystem (3.32) an der Grenze $r = R$ implizit verkoppelt auftreten. Es läßt sich dann aus den Stetigkeitsforderungen bei $r = R$ kein expliziter linearer Zusammenhang zwischen A, B, C und D formulieren.

Diese Verkopplung von A und B kann man aber auflösen durch Aufspaltung des Anfangswertvektors (3.44) in zwei getrennte linear unabhängige Anfangswertvektoren. Aufgrund der Linearität des Systems (3.32) läßt sich dessen Gesamtlösung darstellen als lineare Überlagerung der aus den beiden genannten Anfangswertvektoren resultierenden Teillösungen. Anstelle des bisherigen Schemas

$$\begin{bmatrix} E_{z0} \\ (dE_z/dr)_0 \\ H_{z0} \\ (dH_z/dr)_0 \end{bmatrix} \xrightarrow[\textit{von } r=0 \textit{ bis } r=R]{\textit{Integration des Systems } (3.32)} \begin{bmatrix} E_{zR} \\ (dE_z/dr)_R \\ H_{zR} \\ (dH_z/dr)_R \end{bmatrix} \tag{3.49}$$

erfolgt die Integration nun in zwei getrennten Schritten

$$\begin{bmatrix} E_{z0} \\ (dE_z/dr)_0 \\ 0 \\ 0 \end{bmatrix}_A \xrightarrow[\textit{von } r=0 \textit{ bis } r=R]{\textit{Integration des Systems } (3.32)} \begin{bmatrix} E_{zA} \\ (dE_z/dr)_A \\ H_{zA} \\ (dH_z/dr)_A \end{bmatrix} \tag{3.50}$$

$$\begin{bmatrix} 0 \\ 0 \\ H_{z0} \\ (dH_z/dr)_0 \end{bmatrix}_B \xrightarrow[\textit{von } r=0 \textit{ bis } r=R]{\textit{Integration des Systems (3.32)}} \begin{bmatrix} E_{zB} \\ (dE_z/dr)_B \\ H_{zB} \\ (dH_z/dr)_B \end{bmatrix} \tag{3.51}$$

Die Gesamtlösung an der Stelle $r = R$ setzt sich zusammen aus

$$\begin{bmatrix} E_{zR} \\ (dE_z/dr)_R \\ H_{zR} \\ (dH_z/dr)_R \end{bmatrix} = A \begin{bmatrix} E_{zA} \\ (dE_z/dr)_A \\ H_{zA} \\ (dH_z/dr)_A \end{bmatrix} + B \begin{bmatrix} E_{zB} \\ (dE_z/dr)_B \\ H_{zB} \\ (dH_z/dr)_B \end{bmatrix} \tag{3.52}$$

Eine Variation jedes der beiden Anfangsvektoren um irgendeinen Faktor resultiert in einer proportionalen Variation jedes der korrespondierenden Teillösungsvektoren. Es können daher jetzt die Koeffizienten A und B vor die Lösungsvektoren geschrieben und die beiden Anfangswertvektoren auf Eins normiert werden.

$$\begin{bmatrix} E_{z0} \\ (dE_z/dr)_0 \\ 0 \\ 0 \end{bmatrix}_A = \begin{cases} \begin{bmatrix} 1 \\ 0 \\ 0 \\ 0 \end{bmatrix} & \textit{für} \quad m = 0 \\ \begin{bmatrix} 0 \\ 1 \\ 0 \\ 0 \end{bmatrix} & \textit{für} \quad m = 1 \end{cases} \tag{3.53}$$

$$\begin{bmatrix} 0 \\ 0 \\ H_{z0} \\ (dH_z/dr)_0 \end{bmatrix}_B = \begin{cases} \begin{bmatrix} 0 \\ 0 \\ 1 \\ 0 \end{bmatrix} & \textit{für} \quad m = 0 \\ \begin{bmatrix} 0 \\ 0 \\ 0 \\ 1 \end{bmatrix} & \textit{für} \quad m = 1 \end{cases} \tag{3.54}$$

Mit Hilfe dieser Aufspaltung ist es jetzt möglich, das gesuchte lineare Gleichungssystem für die Koeffizienten A, B, C, D in expliziter Form aufzustellen. Die zu diesem Zweck benötigten tangentialen Feldkomponenten des Kerngebiets an der Grenze $r = R$ $E_z^K(R,\varphi)$, $H_z^K(R,\varphi)$,

$E_\varphi^K(R,\varphi)$, $H_\varphi^K(R,\varphi)$ erhalten wir aus den Lösungsvektoren (3.50) - (3.51) mit Hilfe der Gln. (3.27) - (3.30)

$$
\begin{aligned}
E_z^K(R,\varphi) &= [AE_{zA} + BE_{zB}]\cos(m\varphi+\delta) && (3.55)\\
H_z^K(R,\varphi) &= [AH_{zA} + BH_{zB}]\sin(m\varphi+\delta) && (3.56)\\
E_\varphi^K(R,\varphi) &= \frac{+j}{u^2(R)}\left[A\left(\beta\frac{m}{R}E_{zA} + k\sqrt{\frac{\mu_0}{\varepsilon_0}}\left(\frac{dH_z}{dr}\right)_A\right)\right. && (3.57)\\
&\quad \left.+B\left(\beta\frac{m}{R}E_{zB} + k\sqrt{\frac{\mu_0}{\varepsilon_0}}\left(\frac{dH_z}{dr}\right)_B\right)\right]\sin(m\varphi+\delta)\\
H_\varphi^K(R,\varphi) &= \frac{-j}{u^2(R)}\left[A\left(n^2(R)k\sqrt{\frac{\varepsilon_0}{\mu_0}}\left(\frac{dE_z}{dr}\right)_A + \beta\frac{m}{R}H_{zA}\right)\right. && (3.58)\\
&\quad \left.+B\left(n^2(R)k\sqrt{\frac{\varepsilon_0}{\mu_0}}\left(\frac{dE_z}{dr}\right)_B + \beta\frac{m}{R}H_{zB}\right)\right]\cos(m\varphi+\delta)
\end{aligned}
$$

Die Tangentialkomponenten des Mantelbereichs bei $r = R$ $E_z^M(R,\varphi)$, $H_z^M(R,\varphi)$, $E_\varphi^M(R,\varphi)$, $H_\varphi^M(R,\varphi)$ ergeben sich aus den Gln. (3.46) - (3.47)

$$
\begin{aligned}
E_z^M(R,\varphi) &= C\cdot K_m(vR)\cos(m\varphi+\delta) && (3.59)\\
H_z^M(R,\varphi) &= D\cdot K_m(vR)\sin(m\varphi+\delta) && (3.60)\\
E_\varphi^M(R,\varphi) &= && (3.61)\\
&\tfrac{-j}{v^2}\left[C\left(\beta\tfrac{m}{R}K_m(vR)\right) + D\left(k\sqrt{\tfrac{\mu_0}{\varepsilon_0}}\,\tfrac{dK_m(vr)}{dr}\Big|_R\right)\right]\sin(m\varphi+\delta)\\
H_\varphi^M(R,\varphi) &= && (3.62)\\
&\tfrac{-j}{v^2}\left[C\left(n_M^2k\sqrt{\tfrac{\varepsilon_0}{\mu_0}}\,\tfrac{dK_m(vr)}{dr}\Big|_R\right) + D\left(\beta\tfrac{m}{R}K_m(vR)\right)\right]\cos(m\varphi+\delta)
\end{aligned}
$$

Aus den Stetigkeitsforderungen für die Kern- und Mantellösungen folgt unter der Annahme eines stetigen Übergangs zwischen Kern- und Mantelbrechzahl entsprechend Abb. 3.6, d.h. $n_K(R) = n_M$, das lineare homogene Gleichungssystem für A, B, C, D

$$\left.\begin{aligned}
&AE_{zA} + BE_{zB} - CK_m(vR) && = 0 \\
&AH_{zA} + BH_{zB} - DK_m(vR) && = 0 \\
&A(\beta\tfrac{m}{R}E_{zA} + k\sqrt{\tfrac{\mu_0}{\varepsilon_0}}(\tfrac{dH_z}{dr})_A) + B(\beta\tfrac{m}{R}E_{zB} + k\sqrt{\tfrac{\mu_0}{\varepsilon_0}}(\tfrac{dH_z}{dr})_B) && \\
&-C(\beta\tfrac{m}{R}K_m(vR)) - D(k\sqrt{\tfrac{\mu_0}{\varepsilon_0}}\tfrac{dK_m(vr)}{dr}|_R) && = 0 \\
&A(n_M^2 k\sqrt{\tfrac{\varepsilon_0}{\mu_0}}(\tfrac{dE_z}{dr})_A + \beta\tfrac{m}{R}H_{zA}) + B(n_M^2 k\sqrt{\tfrac{\varepsilon_0}{\mu_0}}(\tfrac{dE_z}{dr})_B + \beta\tfrac{m}{R}H_{zB}) && \\
&-C(n_M^2 k\sqrt{\tfrac{\varepsilon_0}{\mu_0}}\tfrac{dK_m(vr)}{dr}|_R) - D(\beta\tfrac{m}{R}K_m(vR)) && = 0
\end{aligned}\right\} \tag{3.63}$$

oder abgekürzt in Matrizenschreibweise

$$\{a_{ij}\}\begin{bmatrix} A \\ B \\ C \\ D \end{bmatrix} = 0 \,. \tag{3.64}$$

Für eine nichttriviale Lösung ist es notwendig, daß die Determinante $\det\{a_{ij}\}$ verschwindet. Aus dieser Bedingung ergibt sich die Eigenwertgleichung

$$\begin{aligned}
&\left[\left(\frac{dE_z}{dr}\right)_A - \frac{1}{K_m(vR)}\frac{dK_m(vR)}{dr}|_R \cdot E_{zA}\right] \cdot \left[\left(\frac{dH_z}{dr}\right)_B - \frac{1}{K_m(vR)}\frac{dK_m(vR)}{dr}|_R \cdot H_{zB}\right] \\
&-\left[\left(\frac{dE_z}{dr}\right)_B - \frac{1}{K_m(vR)}\frac{dK_m(vR)}{dr}|_R \cdot E_{zB}\right] \cdot \left[\left(\frac{dH_z}{dr}\right)_A - \frac{1}{K_m(vR)}\frac{dK_m(vR)}{dr}|_R \cdot H_{zA}\right] \\
&= 0
\end{aligned} \tag{3.65}$$

Diese ist nur für ganz bestimmte Kombinationen von β, k und $n(r)$ erfüllt. So liefert sie für einen gegebenen Brechzahlverlauf bei einer festen Wellenzahl eine Reihe diskreter Werte β_{mp} für die Phasenkonstante. Hierbei steht der Index m für die vorgegebene Umfangsordnung, während der Index p die zu m zugehörigen Lösungen der Größe nach ordnet, beginnend bei $p = 1$ für den jeweils größten Wert für β.

Einsetzen eines aus Gl. (3.65) folgenden Eigenwertes "mp" in das Gleichungssystem (3.63) liefert die zugehörigen Koeffizienten A_{mp}, B_{mp}, C_{mp}, D_{mp}. Dabei impliziert ein ungeradzahliger Ordnungsparameter p immer ein positives Vorzeichen des Verhältnisses B_{mp}/A_{mp}, d.h. gleiches Vorzeichen der Amplituden von H_z und E_z, während ein geradzahliges p immer ein negatives Vorzeichen zur Folge hat. Die Moden mit $B_{mp}/A_{mp} > 0$ werden als HE_{mq}-Moden mit $q = (p+1)/2$ (p ungerade) bezeichnet; diejenigen mit $B_{mp}/Amp < 0$ heißen EH_{mq}-Moden mit $q = p/2$ (p gerade). Die zirkularsymmetrischen Moden der Umfangsordnung $m = 0$ setzen sich aus der Gruppe der E_{0q}-Moden für $B_{0p}/A_{0p} = 0$ ($H_z = 0$) und der der H_{0q}-Moden für $B_{op}/A_{op} \rightarrow \infty$ ($E_z = 0$) mit $q = p$ zusammen. Der EH_{11}-Mode mit $m = 1, p = 1$ ist der Grundmode. Das Gesamtfeld eines Modes setzt sich aus der vektoriellen Überlagerung der Einzelkomponenten zusammen

$$\begin{aligned}\vec{E}(r,\varphi,z,t) &= [E_r(r)\cos(m\varphi+\delta)\vec{e}_r + E_\varphi(r)\sin(m\varphi+\delta)\vec{e}_\varphi \\ &\quad +E_z(r)\cos(m\varphi+\delta)\vec{e}_z]\exp[j(\omega t-\beta z)]\end{aligned} \tag{3.66}$$

$$\begin{aligned}\vec{H}(r,\varphi,z,t) &= [H_r(r)\sin(m\varphi+\delta)\vec{e}_r + H_\varphi(r)\cos(m\varphi+\delta)\vec{e}_\varphi \\ &\quad +H_z(r)\sin(m\varphi+\delta)\vec{e}_z]\exp[j(\omega t-\beta z)]\end{aligned} \tag{3.67}$$

Die longitudinalen Komponenten $E_z(r), H_z(r)$ folgen im Kerngebiet aus der mit den Koeffizienten A_{mp}, B_{mp} gewichteten Summe der Lösungsvektoren des Differentialgleichungssystems (3.32), im Mantelgebiet aus den durch die modifizierten Besselfunktionen 2. Art beschriebenen Lösungen mit Koeffizienten C_{mp} und D_{mp}. Die transversalen Komponenten ergeben sich aus $E_z(r), H_z(r)$ und deren Ableitungen über die Gleichungen (3.27) - (3.30). Eine genauere Beschreibung der Eigenschaften der einzelnen Moden erfolgt etwas später.

3.2.3 Numerische Behandlung von Brechzahlsprüngen

Das im vorangegangenen Kapitel beschriebene Verfahren der Lösung der Eigenwertgleichung und Bestimmung der Feldverteilungen ist anwendbar auf jeden beliebigen stetigen Brechzahlverlauf des Faserkerns. Im Falle unstetiger Brechzahlsprünge, wie z.B. in Abb. 3.7 skizziert, ergeben sich in der Praxis Schwierigkeiten bei der Integration der Wellengleichung (3.32), da der Gradient dn^2/dr an der Sprungstelle zu einer Dirac-Distribution entartet, welche numerisch nicht erfaßt werden kann. Auch wenn aus herstellungstechnischen Gründen reale Fasern keine scharfen Sprünge im Brechzahlverlauf aufweisen, nimmt man für Parametervariationen häufig idealisierte, stufenförmige Brechzahlpro-

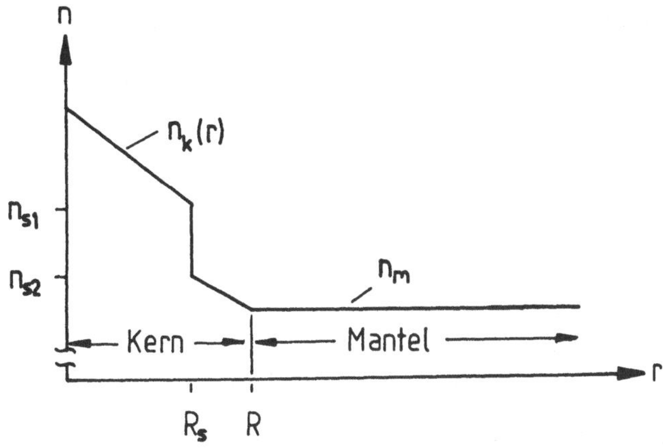

Abbildung 3.7: Gradientenprofil mit Brechzahlsprung an der Stelle $r = R_s$

file an, um die Anzahl der Freiheitsgrade der zu variierenden Größen in Grenzen zu halten.

Um auch Brechzahlsprünge numerischen Methoden zugänglich zu machen, teilen wir den Faserkern in die zwei Gebiete $0 \leq r < R_s$ und $R_s < r \leq R$ innerhalb und außerhalb der Sprungstelle auf. Im inneren Gebiet wird das Differentialgleichungssystem (3.32) von $r = 0$ mit den Anfangsvektoren entsprechend den Gln. (3.53) - (3.54) bis zur Sprungstelle $r = R_s$ numerisch integriert. Die dort erhaltenen Lösungen seien $E_{zs}, (dE_z/dr)_s, H_{zs}, (dH_z/dr)_s$. Die zur Unterscheidung der beiden Teillösungen verwendeten Indices "A" bzw. "B" werden im folgenden der einfacheren Schreibweise wegen weggelassen. Für die numerische Integration des äußeren Kernabschnitts, beginnend von R_s bis zur Kerngrenze R, sind neue Anfangsbedingungen E_{zs0}, $(dE_z/dr)_{s0}$, H_{zs0}, $(dH_z/dr)_{s0}$ notwendig. Diese folgen aus den Lösungen des ersten Integrationsabschnitts mit Hilfe der Stetigkeitsforderungen für die Tangentialkomponenten an der Sprungstelle

$$E_{zs0} = E_{zs} \tag{3.68}$$

$$H_{zs0} = E_{zs} \tag{3.69}$$

$$\left(\frac{dE_z}{dr}\right)_{s0} = \left(\frac{u_2^2}{u_1^2} - 1\right) \frac{\beta}{n_{s2}^2 k} \sqrt{\frac{\mu_0}{\varepsilon_0}} \frac{m}{R_s} H_{zs} + \frac{u_2^2 n_{s1}^2}{u_1^2 n_{s2}^2} \left(\frac{dE_z}{dr}\right)_s \tag{3.70}$$

$$\left(\frac{dH_z}{dr}\right)_{s0} = \left(\frac{u_2^2}{u_1^2}-1\right)\frac{\beta}{k}\sqrt{\frac{\varepsilon_0}{\mu_0}}\frac{m}{R_s}E_{zs} + \frac{u_2^2}{u_1^2}\left(\frac{dH_z}{dr}\right)_s \tag{3.71}$$

mit den Abkürzungen

$$u_1^2 = n_{s1}^2 k^2 - \beta^2 \tag{3.72}$$

$$u_2^2 = n_{s2}^2 k^2 - \beta^2 \tag{3.73}$$

Mit diesen Anfangsbedingungen wird das Differentialgleichungssystem (3.32) von der Sprungstelle $r = R_s$ bis zur Kerngrenze $r = R$ integriert. Die dabei erhaltenen Lösungsvektoren werden wie beim gewöhnlichen Gradientenprofil in die Eigenwertgleichung (3.65) eingesetzt, deren Nullstellen wieder die gesuchten Eigenwerte liefert. Falls die Sprungstelle R_s und die Kerngrenze R zusammenfallen, entfällt die Integration über den äußeren Kernbereich und es werden anstelle der Lösungsvektoren nun die Anfangswerte nach Gl. (3.68) - (3.71) in die Eigenwertgleichung eingesetzt.

Beim Auftreten mehrerer Sprungstellen muß die Integration der Wellengleichung in entsprechend mehr Teilbereiche aufgeteilt und die jeweiligen Anfangswerte auf analoge Weise bestimmt werden.

Ein besonders einfacher und daher für Untersuchungen der prinzipiellen Eigenschaften von Glasfasern häufig verwendeter Brechzahlverlauf ist der des in Abb. 3.8 gezeigten Einfachsprungprofils

Hier ist die Brechzahl n_K im gesamten Kerngebiet räumlich konstant. Das Differentialgleichungssystem (3.32) zerfällt in zwei unabhängige Besselsche Differentialgleichungen. Um die Randbedingungen beschränkter Feldamplituden bei $r = 0$ zu befriedigen, werden die Besselfunktionen 2. Art Y_m wegen ihres Pols im Ursprung weggelassen, und es ergibt sich für die Lösungsvektoren im Bereich $0 \leq r < R_s$

$$\begin{bmatrix} E_{zA} \\ (dE_z/dr)_A \\ H_{zA} \\ (dH_Z/dr)_A \end{bmatrix} = \begin{bmatrix} J_m(ur) \\ dJ_m(ur)/dr \\ 0 \\ 0 \end{bmatrix} \tag{3.74}$$

$$\begin{bmatrix} E_{zB} \\ (dE_z/dr)_B \\ H_{zB} \\ (dH_Z/dr)_B \end{bmatrix} = \begin{bmatrix} 0 \\ 0 \\ J_m(ur) \\ dJ_m(ur)/dr \end{bmatrix} \tag{3.75}$$

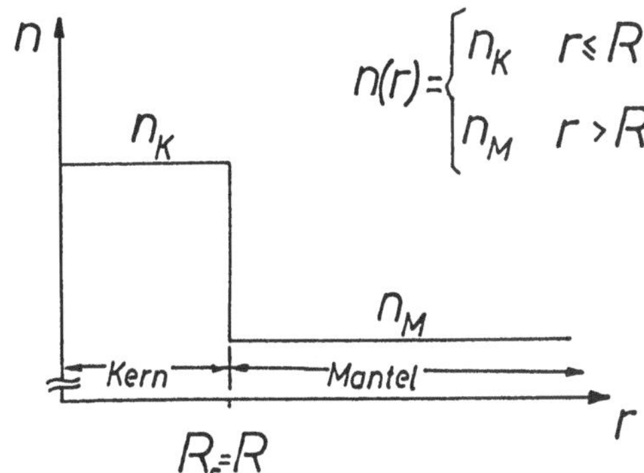

Abbildung 3.8: Idealisiertes Einfachsprung-Profil

Einsetzen dieser Lösungsvektoren in die Gln. (3.68) - (3.71) mit $R_s = R$ und anschließendes Einsetzen der so erhaltenen Anfangswerte hinter der Sprungstelle in Gl. (3.65) liefert nach einigen Umformungen die Eigenwertgleichung für das idealisierte Sprungprofil

$$\left[\frac{n_K^2}{n_M^2}\frac{1}{u^2 J_m(uR)}\left.\frac{dJ_m(uR)}{dr}\right|_R + \frac{1}{v^2 K_m(vR)}\left.\frac{dK_m(vr)}{dr}\right|_R\right] \cdot \left[\frac{1}{u^2 J_m(uR)}\left.\frac{dJ_m(uR)}{dr}\right|_R + \frac{1}{v^2 K_m(vR)}\left.\frac{dK_m(vr)}{dr}\right|_R\right] = \left(\frac{u^2+v^2}{u^2v^2}\right)^2 \left(\frac{\beta}{n_M k}\frac{m}{R}\right)^2 \tag{3.76}$$

Der Vorteil von Gl. (3.76) gegenüber der Eigenwertgleichung (3.65) liegt darin, daß bei ersterer nur analytische Funktionen auftreten und daher keine rechenzeitintensive numerische Integration der Wellengleichung notwendig ist.

3.2.4 Transformierte Wellengleichung für Multimode-Analyse

Beim Aufstellen des Anfangswertvektors Gl. (3.44) hat sich ergeben, daß für Umfangsordnungen $m \geq 2$ dessen sämtliche Komponenten identisch Null sein müssen. Mit solch einem Nullvektor jedoch können numerische Integrationsroutinen von Differentialgleichungssystemen nicht starten bzw. würden als Lösung lediglich den trivialen Nullvektor liefern. Dieses Problem läßt sich durch die Substitutionen

$$E_z(r) = r^{m-1} e_z(r) \tag{3.77}$$

$$H_z(r) = r^{m-1} h_z(r) \tag{3.78}$$

bewältigen. Eingesetzt in die Wellengleichung (3.32) erhalten wir das transformierte gekoppelte Differentialgleichungssystem

$$\left.\begin{array}{rl} & \frac{d^2 e_z(r)}{dr^2} + \frac{2m-1}{r}\frac{de_z(r)}{dr} + \left(u^2(r) - \frac{2m-1}{r^2}\right) e_z(r) \\ - & \frac{1}{u^2(r)}\left(\frac{1}{n^2(r)}\frac{dn^2(r)}{dr}\right)\left[\beta^2\left(\frac{de_z(r)}{dr} + \frac{m-1}{r}e_z(r)\right) + \beta k\sqrt{\frac{\mu_0}{\varepsilon_0}}\frac{m}{r}h_z(r)\right] = 0 \\ & \frac{d^2 h_z(r)}{dr^2} + \frac{2m-1}{r}\frac{dh_z(r)}{dr} + \left(u^2(r) - \frac{2m-1}{r^2}\right) h_z(r) \\ - & \frac{1}{u^2(r)}\left(\frac{dn^2(r)}{dr}\right)\left[k^2\left(\frac{dh_z(r)}{dr} + \frac{m-1}{r}h_z(r)\right) + \beta k\sqrt{\frac{\varepsilon_0}{\mu_0}}\frac{m}{r}e_z(r)\right] = 0 \end{array}\right\} \tag{3.79}$$

Zur Ermittlung derjenigen Anfangswertvektoren, welche die Randbedingung beschränkter Felder im Ursprung erfüllen, entwickeln wir $e_z(r)$ und $h_z(r)$ als Taylor-Reihen

$$e_z(r) = a_0 + a_1 r + a_2 r^2 + \cdots \tag{3.80}$$

$$h_z(r) = b_0 + b_1 r + b_2 r^2 + \cdots \tag{3.81}$$

Einsetzen in das Differentialgleichungssystem (3.79) liefert die singulären Terme

$$\begin{aligned} & \frac{2m-1}{r}\frac{de_z(r)}{dr} - \frac{2m-1}{r^2}e_z(r) + f_{aa}\frac{m-1}{r}e_z(r) + f_{ab}\frac{m}{r}h_z(r) \\ &= (2m-1)\left(\frac{a_1}{r} + 2a_2 + \cdots\right) - (2m-1)\left(\frac{a_0}{r^2} + \frac{a_1}{r} + a_2 + \cdots\right) \\ &\quad + f_{aa}(m-1)\left(\frac{a_0}{r} + a_1 + \cdots\right) + f_{ab}m\left(\frac{b_0}{r} + b_1 + \cdots\right) \end{aligned} \tag{3.82}$$

$$\begin{aligned} & \frac{2m-1}{r}\frac{dh_z(r)}{dr} - \frac{2m-1}{r^2}h_z(r) + f_{ba}\frac{m-1}{r}h_z(r) + f_{bb}\frac{m}{r}e_z(r) \\ &= (2m-1)\left(\frac{b_1}{r} + 2b_2 + \cdots\right) - (2m-1)\left(\frac{b_0}{r^2} + \frac{b_1}{r} + b_2 + \cdots\right) \\ &\quad + f_{ba}(m-1)\left(\frac{b_0}{r} + b_1 + \cdots\right) + f_{bb}m\left(\frac{a_0}{r} + a_1 + \cdots\right) \end{aligned} \tag{3.83}$$

mit den Abkürzungen

$$f_{aa} = -\frac{1}{u^2(r)}\left(\frac{1}{n^2(r)}\frac{dn^2(r)}{dr}\right)\beta^2 \tag{3.84}$$

$$f_{ab} = -\frac{1}{u^2(r)}\left(\frac{1}{n^2(r)}\frac{dn^2(r)}{dr}\right)\beta k\sqrt{\frac{\mu_0}{\varepsilon_0}} \tag{3.85}$$

$$f_{ba} = -\frac{1}{u^2(r)}\left(\frac{dn^2(r)}{dr}\right)k^2 \tag{3.86}$$

$$f_{bb} = -\frac{1}{u^2(r)}\left(\frac{dn^2(r)}{dr}\right)\beta k\sqrt{\frac{\varepsilon_0}{\mu_0}} \tag{3.87}$$

Die durch die Gln. (3.82) - (3.83) beschriebenen Terme des Differentialgleichungssystems (3.79) müssen für $r \to 0$ beschränkt bleiben, um unendlich hohe Feldamplituden für E_z und H_z zu vermeiden. Im Gegensatz zum ursprünglichen Differentialgleichungssystem (3.32) kürzen sich hier die Glieder a_1/r gegenseitig für alle Umfangsordnungen m weg; es müssen lediglich a_0 bzw. b_0 verschwinden. Der neue Anfangswertvektor lautet daher für alle m

$$\begin{bmatrix} e_{z0} \\ (de_z/dr)_0 \\ h_{z0} \\ (dh_z/dr)_0 \end{bmatrix} = \begin{bmatrix} 0 \\ A \\ 0 \\ B \end{bmatrix} \tag{3.88}$$

und die normierten aufgespaltenen, den Gl. (3.53) - (3.54) analogen Anfangswertvektoren

$$\begin{bmatrix} e_{z0} \\ (de_z/dr)_0 \\ 0 \\ 0 \end{bmatrix}_A = \begin{bmatrix} 0 \\ 1 \\ 0 \\ 0 \end{bmatrix} \tag{3.89}$$

$$\begin{bmatrix} 0 \\ 0 \\ h_{z0} \\ (dh_z/dr)_0 \end{bmatrix}_B = \begin{bmatrix} 0 \\ 0 \\ 0 \\ 1 \end{bmatrix} \tag{3.90}$$

Mit diesen Anfangswertvektoren kann jede numerische Integrationsroutine für beliebige Umfangsordnungen m problemblos starten. Damit ist es möglich, die Ausbreitung höherer Moden in der Glasfaser zu berechnen.

3.2.5 Zusammenfassung der Berechnungsverfahren

Die Eigenwertgleichung (3.65) bildet die Grundlage für alle weiteren Untersuchungen. Zusammenfassend läßt sich deren Berechnung durch das Schema von Abb. 3.9 beschreiben.

Ausgehend von den beiden Anfangswertvektoren Gl. (3.53) - (3.54) wird die Wellengleichung (3.32) von $r = 0$ bis zur Kerngrenze $r = R$ numerisch integriert. Durch Feldanpassung der so erhaltenen Lösungen Gl. (3.55) - (3.58) des Kernbereichs an die durch modifizierte Besselfunktionen K_m beschriebenen Lösungen des Mantels Gl. (3.59) - (3.62) ergibt sich ein homogenes lineares Gleichungssystem (3.63). Das Nullsetzen von dessen Determinante liefert schließlich die gesuchte Eigenwertgleichung (3.65).

Unstetige Sprünge des Brechzahlprofils werden durch Unterbrechen des Integrationsvorgangs an den Sprungstellen und anschließende Weiterintegration mit neuen Anfangswerten entsprechend den Gln. (3.68) - (3.71) berücksichtigt. Die Untersuchung höherer Moden der Umfangsordnung $m \geq 2$ erfolgt mit Hilfe der transformierten Wellengleichung (3.79) und den zugeordneten Anfangswertvektoren (3.89) - (3.90).

Sowohl für die Nullstellensuche der Eigenwertgleichung als auch für die Integration des gekoppelten Differentialgleichungssystems existiert eine Vielzahl numerischer Routinen in kommerziell angebotenen Software- Bibliotheken. Es soll hier daher auf eine eingehende Beschreibung von deren numerischer Realisierung verzichtet werden.

3.2.6 Moden

Die Lösung der Eigenwertgleichung (3.65) hat zu ganz bestimmten diskreten Werten β_{mp} für die Phasenkonstante geführt. Jedem dieser β_{mp} korrespondiert eine ganz bestimmte, diesem Mode zugeordnete Feldverteilung.

Im Gegensatz zu den Moden des Filmwellenleiters mit seinen nur jeweils drei Feldkomponenten werden in der Glasfaser hybride Moden mit

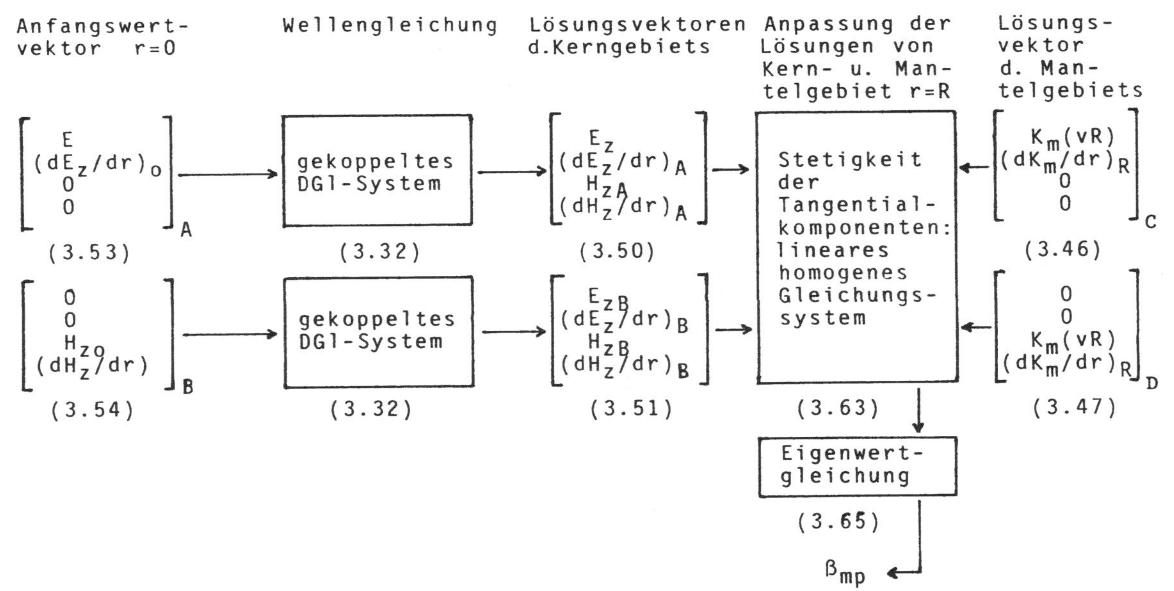

Abbildung 3.9: Schema zur Berechnung der Eigenwerte

longitudinalen Komponenten sowohl des elektrischen wie des magnetischen Felds geführt, d.h. alle sechs Feldkomponenten sind vorhanden und miteinander verkoppelt.

Es hat sich eine Bezeichnungsweise für diese Moden eingebürgert, die an die Nomenklatur der runden Hohlleiter der Mikrowellentechnologie angelehnt ist. Der Grundmode, d.h. der Mode mit der größten Phasenkonstante, hat die Lösung der Eigenwertgleichung mit $m = 1$ und $p = 1$. Wegen der Ähnlichkeit der Feldverteilung des Grundmodes mit dem H_{11}-Hohlleiter-Grundmode wird er als HE_{11}-Mode bezeichnet. Die nächste Lösung mit dem nächsthöchsten Wert für β der Eigenwertgleichung mit $m = 1$ und $p = 2$ wird als EH_{11}-Mode bezeichnet; er ähnelt dem E_{11}-Mode des Hohlleiters. Diese alternative Bezeichnung HE bzw. EH wird für weitere Lösungen der Eigenwertgleichung entsprechend fortgesetzt. Eine Ausnahme bilden die Moden mit der Umfangsordnung $m = 0$, deren Feldverteilung nur vom Radius r, nicht aber vom Winkel φ abhängt. Ihr wesentliches Merkmal ist, daß sie wie beim Filmwellenleiter in zwei transversale Moden mit nur jeweils drei Feldkomponenten zerfallen. Der eine besitzt nur die Komponenten E_φ, H_r, H_z und wird H_{0q}-Mode oder auch TE-Mode genannt; der andere besitzt die Komponenten H_φ, E_r, E_z und wird E_{0q}-Mode oder auch TM-Mode genannt. Die alternative Bezeichnung TE bzw. TM bezieht sich darauf, daß diese Moden entweder rein transversal elektrische bzw. transversal magnetische Feldkomponenten aufweisen.

3.2.6.1 Feldverläufe

In Abb. 3.10 sind die radialen Verläufe der $\vec{E}$-Felder der sieben ersten Moden am Beispiel einer Glasfaser mit einem idealisierten Einfachsprungprofil bei einem Kernradius von $2\mu m$ für Licht einer Wellenlänge von $1.1\mu m$ dargestellt. Dabei wurden zur Veranschaulichung ein unrealistisch hoher Brechzahlsprung von $n_k = 1.47$ im Kern auf $n_M = 1.41$ im Mantel angenommen.

Die tangentialen Feldkomponenten überwiegen die longitudinalen z-Komponenten bei weitem. Wie schon beim Filmwellenleiter reichen die Felder für höhere Moden immer weiter in den Mantelbereich hinein. Der kleine Sprung in den E_r- Komponenten an der Grenze zwischen Kern und Mantel bei $r = 2\mu m$ ist eine Folge der Stetigkeitsbeziehungen für

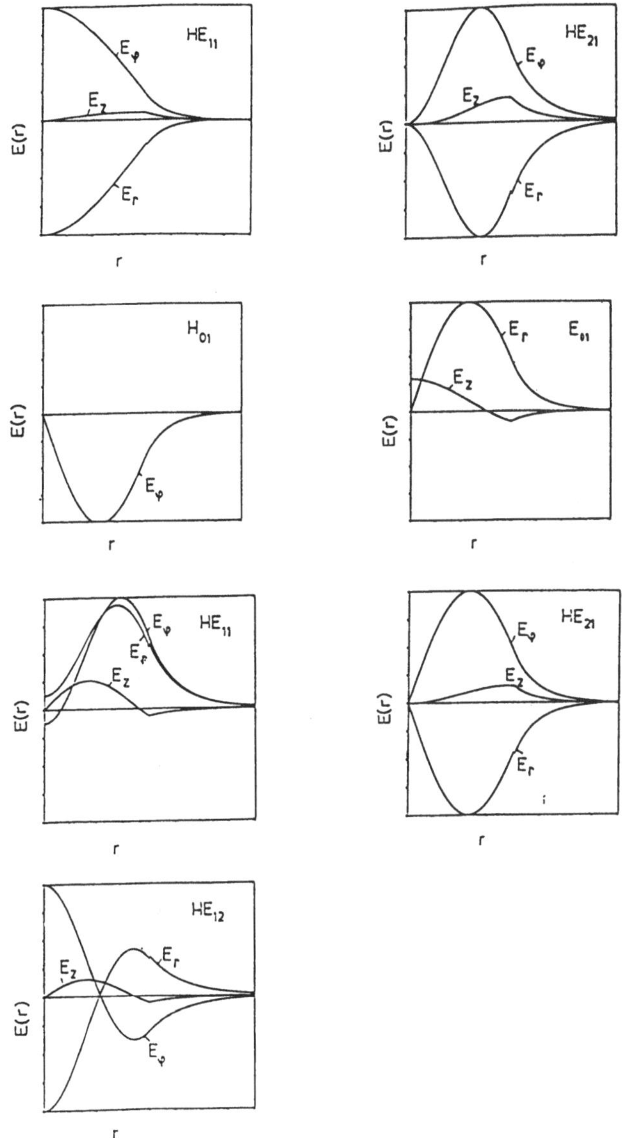

Abbildung 3.10: Radiale Verläufe der $\vec{E}$-Felder der ersten Moden einer Stufenindex-Faser

die Normalkomponenten der Verschiebungsdichte $D_r = n^2 \varepsilon_0 E_r$.

Der Gesamtverlauf der Felder im Wellenleiter setzt sich aus der vektoriellen Überlagerung aller sechs Feldkomponenten zusammen, wobei neben den Radialabhängigkeiten auch noch die durch $\cos(m\varphi)$ und $\sin(m\varphi)$ beschriebenen Winkelanteile und die durch $\exp[j(\omega t - \beta z)]$ gekennzeichneten Längen- und Zeitanteile zu berücksichtigen sind. In Abb. 3.11 ist der Feldverlauf des transversal magnetischen E_{01}-Modes gezeigt.

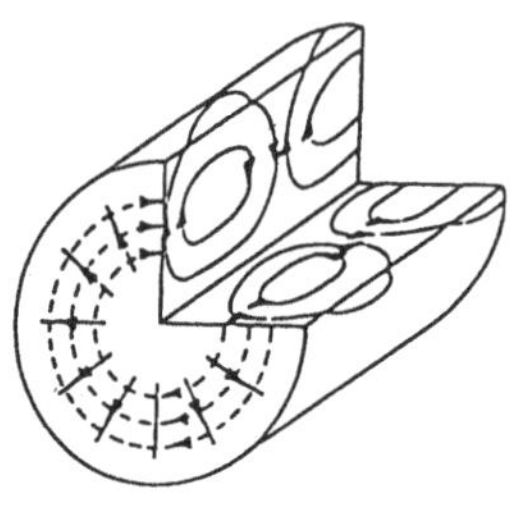

Abbildung 3.11: Feldbild der E_{01}-Welle in der Stufenfaser
——— elektrische Feldlinien
- - - - - magnetische Feldlinien

Die Feldlinien des Magnetfelds bilden konzentrische Kreise um die Faserachse, während die elektrischen Feldlinien Schleifen in den Längsschnittebenen bilden. An der Grenze zwischen Kern und Mantel sind die elektrischen Feldlinien geknickt, da E_r wegen der Stetigkeitsforderung für Normalkomponenten im umgekehrten Verhältnis der Quadrate der Brechzahlen springt, während E_z als Tangentialkomponente stetig ist. Der Fall des transversal elektrischen H_{01}-Modes ist in Abb. 3.12 skizziert.

Hier bilden die elektrischen Feldlinien konzentrische Kreise um die Faserachse, während die magnetischen Feldlinien Schleifen in Längsschnittebenen sind, die ohne Knick die Grenzfläche zwischen Kern und

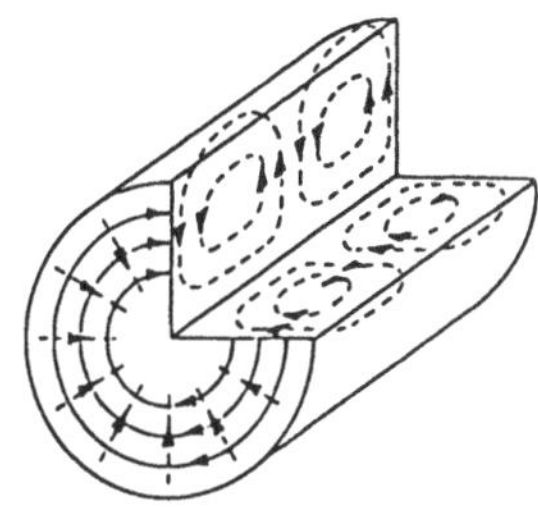

Abbildung 3.12: Feldbild der H_{01}-Welle in der Stufenfaser
——— elektrische Feldlinien
- - - - - magnetische Feldlinien

Mantel durchstoßen. Als letztes zeigt Abb. 3.13 den Feldverlauf des HE_{11}- Grundmodes. In der Längsschnittebene ($\varphi = 0, \pi$) ist $E_\varphi = 0$ und $H_r = 0$; in der dazu senkrechten Längsschnittfläche ($\varphi = \pi/2, 3/2\pi$) gilt $E_r = 0$ und $H_\varphi = 0$.

Die transversalen $\vec{E}$- und $\vec{H}$-Felder sind nahezu linear polarisiert und stehen senkrecht aufeinander. Je geringer die Brechzahldifferenzen zwischen Kern und Mantel sind, umso mehr nähert sich die Feldverteilung des Grundmodes der reinen linearen Polarisierung.

Die in Abb. 3.13 dargestellte Feldkonfiguration gilt für denjenigen Zeitpunkt, in dem in der vorderen Querschnittsfläche die Momentanwerte von E_z und H_z gerade Null sind, weshalb die Feldverteilung in dieser Ebene momentan rein transversal erscheint. An anderen Orten bzw. zu anderen Zeitpunkten existieren auch die Längskomponenten des elektrischen und des magnetischen Feldes.

3.2.6.2 Zusammengesetzte Pseudomoden

Die in Abb. 3.10 dargestellten Feldverteilungen lassen erkennen, daß bestimmte Paare von Moden sowohl ähnliche Feldverläufe als auch ein ähnliches normiertes Phasenmaß B aufweisen. Dies sind hier die Kom-

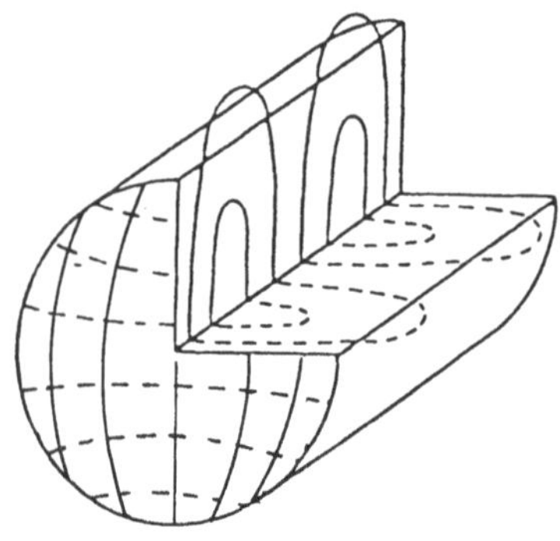

Abbildung 3.13: Feldbild der HE_{11}-Welle in der Stufenfaser

binationen $HE_{21} - E_{01}$, $HE_{21} - H_{01}$ und $EH_{11} - HE_{31}$. Mit geringer werdenden Brechzahldifferenzen zwischen Kern und Mantel werden die Unterschiede im Feldverlauf und im Phasenmaß zwischen den Moden solch eines Paares immer geringer. Eine genauere Untersuchung dieses Verhaltens ergibt, daß sich bei Fasern geringer Brechzahldifferenz alle Moden außer der HE_{1q}-Moden zu solchen Paaren nach dem Schema von Abb. 3.14 zusammenfassen lassen.

$$LP_{0q} \mathrel{\hat{=}} HE_{1q}$$

$$LP_{1q} \mathrel{\hat{=}} \begin{cases} E_{0q} + HE_{2q} \\ H_{0q} + HE_{2q} \end{cases}$$

$$LP_{mq} \mathrel{\hat{=}} EH_{m-1q} + HE_{m+1q}$$

Abbildung 3.14: Schema zur Zusammensetzung linear polarisierter Pseudomoden aus reinen Moden

Die Zusammenfassung von Modenpaaren hat folgenden Grund: Für den Grundmode HE_{11} und seine höheren Ordnungen HE_{1q} lassen sich keine zugehörigen anderen Moden ähnlicher Phasenkonstante und damit ähnlicher Phasengeschwindigkeit finden. Nur dieser Modentyp ist nahezu linear polarisiert, wie die explizite vektorielle Addition der E_r- und E_φ-Komponenten ergibt. Neben einer dominierenden E_x- oder E_y-Polarisation existieren nur noch kleine Restkomponenten, welche mit geringer werdender Brechzahldifferenz zwischen Kern und Mantel immer mehr verschwinden. Speziell bei den technisch realisierten Glasfasern mit Brechzahldifferenzen im Promillebereich kann in guter Näherung von einem linear polarisierten Grundmode ausgegangen werden. Für diese lineare Polarisation steht das Symbol LP_{0q} der zugehörigen Modebezeichnung. Überlagert man die Felder des E_{0q}- mit denen des HE_{2q}-Modes, so erhält man wieder näherungsweise eine lineare Polarisation des Gesamtfeldes. Entsprechendes gilt für die Überlagerung der Felder von H_{0q}- und HE_{2q}-Mode. Da diese beiden zusammengesetzten Wellen sich mit annähernd gleicher Phasenkonstante β ausbreiten, bezeichnet man diese Gesamteinheit als LP_{1q}-Moden. In Abb. 3.15 ist gezeigt, wie sich die einheitliche Polarisation des LP_{11}-Modes aus dieser Überlagerung ergibt.

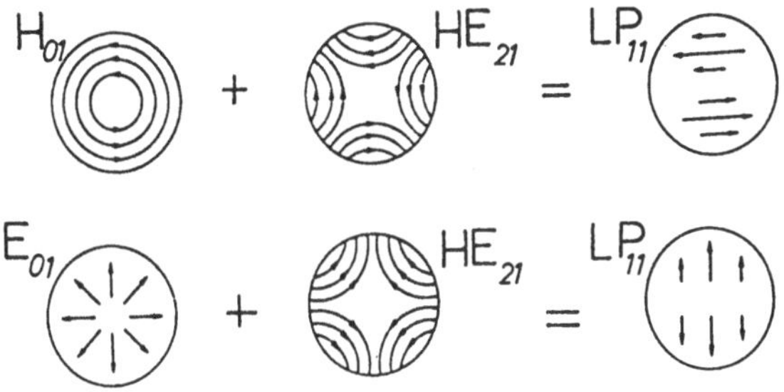

Abbildung 3.15: Transversales elektrisches Feld von LP_{11}-Moden und ihre Überlagerung aus den genauen Wellentypen

Auf ganz analoge Weise lassen sich aus höheren EH_{m-1q}- und HE_{m+1q}-Moden angenähert linear polarisierte LP_{mq}-Moden bilden. Diese zusammengesetzten Pseudomoden können nur dann als Einheit betrachtet werden, wenn die zwei sie aufbauenden echten Moden die gleiche Ausbreitungskonstante aufweisen, was im Fall kleiner Brechzahlsprünge näherungsweise erfüllt ist. Trotzdem werden sich die beiden Teilwellen bei einer bestimmten Differenz der Phasenkonstanten $\Delta\beta$ schon nach einer merklich kürzeren Laufstrecke als der Gesamtlänge der Faser in separate EH_{m-1q}- bzw. HE_{m+1q}-Moden getrennt haben. Dabei weisen sie am Ende jeder Schwebungsperiode, d.h. nach der Strecke $\Delta L = 2\pi/\Delta\beta$, wieder eine einheitlich polarisierte Wellenfront auf.

Im Rahmen der Näherung schwach geführter Wellen sind die Gesamtfelder der zusammengesetzten LP_{mq}-Moden also linear polarisiert, wobei die transversalen elektrischen und magnetischen Felder aufeinander senkrecht stehen. Der wesentliche Grund für die Einführung solcher idealisierter linear polarisierten LP_{mq}-Moden liegt darin, daß gerade diese Wellentypen mit einheitlicher Polarisierung bevorzugt von einem Halbleiterlaser aufgrund der linearen Polarisation des von ihm emittierten Lichtes angeregt werden.

3.2.6.3 Phasenkurven

Neben der Feldverteilung ist man vor allem an der Phasenkonstante β_{mq} der einzelnen Moden interessiert. Durch β_{mq} ist damit deren Phasengeschwindigkeit $v_\varphi = \omega/\beta_{mq}$ bestimmt. Zur Beschreibung des Ausbreitungsverhaltens der Moden in der Glasfaser wird das normierte Phasenmaß B

$$B_{mq} = \frac{(\beta_{mq}/k)^2 - n_M^2}{n_K^2 - n_M^2} \tag{3.91}$$

verwendet. Dieses wird als Funktion der normierten Frequenz

$$V = \sqrt{n_K^2 - n_M^2}\,kR \tag{3.92}$$

angegeben. Zur Berechnung solcher $B(V)$-Kurven geht man so vor, daß man für eine Faser mit den Brechzahlen n_K und n_M und dem Radius R durch Lösung der Eigenwertgleichung (3.65) die Phasenkonstante β_{mq} für einen bestimmten Mode als Funktion der Wellenzahl

k berechnet. Setzt man die Ergebnisse in die Gln. (3.91) - (3.92) ein, so erhält man die normierten $B(V)$-Kurven. Der Grund zur Verwendung gerade dieser Normierungsvorschrift liegt in folgender Eigenschaft schwach führender Stufenindex-Fasern: Hätte man die gleiche Rechnung an Stelle der durch die Größen n_K, n_M, R gekennzeichneten Faser an einer anderen, durch n'_K, n'_M, R' gekennzeichneten, durchgeführt, so hätte man genau die gleichen $B(V)$-Kurven wie im ersteren Fall erhalten. Dies gilt so lange, wie die Bedingung schwacher Führung, d.h. $n_K - n_M \ll 1$, erfüllt ist. Das liegt daran, daß das sich aus der Wellengleichung ergebende Differentialgleichungssystem (3.32), welches die Größen n_K, n_M, R, β und k enthält, durch geeignete Substitutionen in Differentialgleichungen überführbar ist, welche nur noch die normierten Größen B und V enthalten und daher für alle Glasfasern gültig sind, unabhängig von deren tatsächlichen Werten für n_K, n_M und R. Das Resultat für die idealisierte schwach führende Einfachsprungfaser ist in Abb. 3.16 dargestellt. Die Kennzeichnung der Moden erfolgt dabei mit der Notation der sich aus reinen EH_{m-1q}- und HE_{m+1q}-Moden zusammensetzenden LP_{mq}-Moden erfolgt, da die Phasenkurven der beiden reinen Moden eines Paares einer schwachführenden Faser aufeinander liegen.

Der Grundmode (LP_{01}- bzw. HE_{11}-Mode) existiert noch bei beliebig kleinen V-Werten und damit bei beliebig großen Wellenlängen. Er weist also keine cut-off-Wellenlänge auf. Bei genügend kleinen V-Werten kann nur dieser Mode in der Faser geführt werden. Dies ist der Einwelligkeitsbereich der Faser, welche in diesem Fall dann Monomodefaser genannt wird. Der praktisch wichtigste V-Bereich für eine Monomodefaser reicht von etwa $V = 1.5$ bis zur oberen Grenze bei $V = 2.405$. Werte von $V < 1.5$ kommen kaum in Betracht, weil sich dann das Feld des Grundmodes zu weit in den Mantel hinein ausdehnt, was wegen Streuung und Absorption zu einer unerwünschten starken Dämpfung führt. Bei festgelegter Wellenlänge und damit auch fester Wellenzahl kann man entsprechend Gl. (3.92) solch niedrige V-Werte nur durch kleine Brechzahldifferenzen oder durch kleine Kernradien erreichen. Typische Werte für Monomodefasern sind Brechzahldifferenzen von etwa $5 \cdot 10^{-3}$ bei Kernradien von $3.5\mu m$. Bei einer Wellenlänge von $\lambda = 1.3\mu m$ ergibt sich daraus ein V-Wert von $V \approx 2$. Oberhalb von $V = 2.405$ beginnt die LP_{11}-Gruppe der E_{01}-, H_{01}- und HE_{21}-Moden

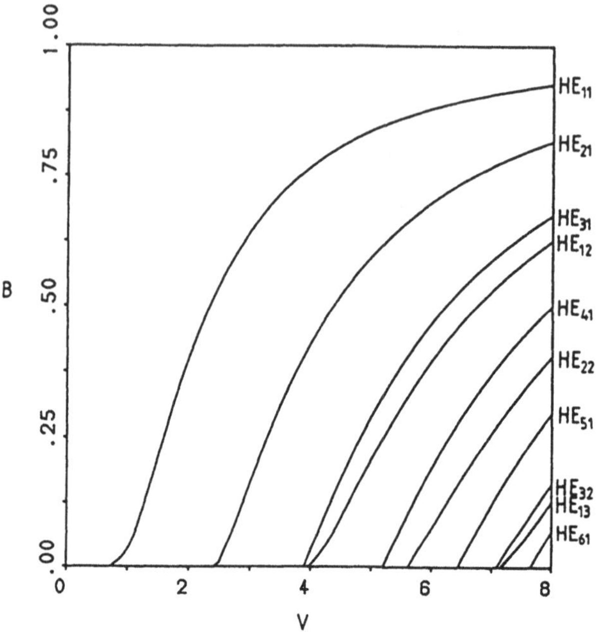

Abbildung 3.16: Normiertes Phasenmaß B der linear polarisierten LP_{mq}-Moden einer schwach führenden Stufenindex- Glasfaser

zu laufen. Die Faser ist nun vielwellig. Mit größer werdendem V-Wert kann die Faser immer mehr Moden führen; dies ist der Bereich der Multimodefasern. Eine typische Multimodefaser hat bei einer Brechzahldifferenz von 10^{-2} einen Radius von etwa $80\mu m$. Dem entspricht bei einer Wellenlänge von $1.3\mu m$ ein $V \approx 80$. Solch eine Faser kann daher viele hundert Moden führen. Da jeder dieser Moden einen etwas anderen Lichtweg durch die Faser zurücklegt, wird ein am Fasereingang eingestrahlter Lichtimpuls aufgrund dieser unterschiedlichen Wege der einzelnen Moden am Ausgang verzerrt herauskommen. Genau betrachtet ist die Monomodefaser zweiwellig: Es können zwei Polarisationsrichtungen angeregt werden, welche unter Umständen, z.B. bei Störung der Zylindersymmetrie, mit leicht unterschiedlicher Ausbreitungsgeschwindigkeit laufen.

3.2.6.4 Leistungsverteilung im Faserquerschnitt

Die Felder der geführten Moden sind nicht auf das Kerngebiet der Faser beschränkt sondern erstrecken sich bis in den Mantel hinein. Es soll nun das Verhältnis der im Kerngebiet zu der im Mantelbereich transportierten Strahlungsleistung bestimmt werden. Die Energie, die pro Zeiteinheit im Mittel in z-Richtung fließt, ergibt sich aus dem Integral des Realteils des Poyntingvektors über den Faserquerschnitt

$$P = \frac{1}{2} \int_0^{2\pi} \int_0^{\infty} (\vec{E} \times \vec{H}^* + \vec{E}^* \times \vec{H}) \circ \vec{e}_z r \, dr \, d\varphi \qquad (3.93)$$

Dieses Integral der Gesamtleistung setzt sich aus den zwei Anteilen

$$P = P_K + P_M \qquad (3.94)$$

zusammen. Hierbei ist P_K die im Kern der Faser geführte Leistung

$$P_K = \frac{1}{2} \int_0^{2\pi} \int_0^{R} (E_r H_\varphi^* - E_\varphi H_r^* + E_r^* H_\varphi - E_\varphi^* H_r) r \, dr \, d\varphi \qquad (3.95)$$

und P_M die im Mantel geführte Leistung

$$P_M = \frac{1}{2} \int_0^{2\pi} \int_R^{\infty} (E_r H_\varphi^* - E_\varphi H_r^* + E_r^* H_\varphi - E_\varphi^* H_r) r \, dr \, d\varphi \qquad (3.96)$$

Der Leistungsanteil im Mantelgebiet darf nicht mit Mantelmoden verwechselt werden. Die hier untersuchten Moden sind ausschließlich Kernmoden, deren Strahlungsleistung im Mantelbereich lediglich aus der Tatsache resultiert, daß die Felder beim Übergang vom Kern in den Mantel nicht schlagartig auf Null abfallen, sondern mit dem exponential-ähnlichen Abfall der K_m- Besselfunktionen allmählich gegen Null gehen.

Als Maß dafür, wie gut ein bestimmter Mode im Kerngebiet geführt wird, dient das Verhältnis der im Kern geführten zur gesamten Strahlungsleistung P_K/P. Je besser ein Mode geführt ist, umso mehr geht dieses Verhältnis gegen Eins. In Abb. 3.17 ist P_K/P für die niedrigsten Moden der schwach führenden Stufenindex-Faser als Funktion der normierten Frequenz V aufgetragen.

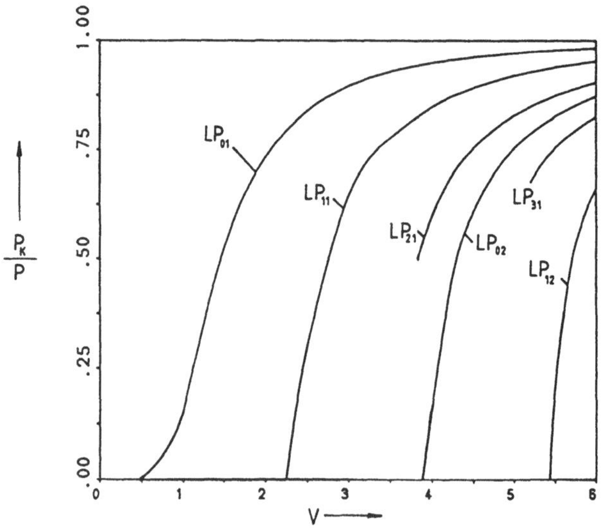

Abbildung 3.17: Relative Leistung P_k/P im Kern für schwach geführte LP_{mq}-Moden

Sehr weit oberhalb der cut-off geht P_K/P für alle ausbreitungsfähigen Moden gegen Eins. Die Felder und damit die Strahlungsenergie konzentrieren sich fast vollständig im Kerngebiet. Je näher man bei Verminderung von V an die cut-off eines Modes herankommt, umso größer wird der Anteil der im Mantel geführten Leistung. An der cut-off-Grenze der LP_{0q}- und LP_{1q}-Moden befindet sich mit $P_K/P \rightarrow 0$ die gesamte Strahlungsleistung im Mantel. Die LP_{mq}-Moden hoher Umfangsordnung $m \geq 2$ hingegen besitzen bei cut-off ein Verhältnis von Kern-zu-Mantelleistung gemäß der Beziehung

$$\frac{P_K}{P_M} = m - 1 \tag{3.97}$$

Je höher also die Umfangsordnung eines Modes ist, umso größer wird der Anteil der im Kern geführten Strahlungsleistung an dessen cut-off. Der Grund für dieses unterschiedliche Verhalten der Moden liegt darin, daß am cut-off wegen $v_c^2 = \beta^2 - n_M^2 = 0$ die Besselsche Differentialgleichung für die Felder im Außenraum in eine Eulersche Differentialgleichung übergeht. Dies hat zur Folge, daß die Tangentialkomponenten der $\vec{E}$- und $\vec{H}$-Felder eines LP_{mq}-Modes an seinem cut-off proportional $1/r^m$ gegen Null streben. Damit gilt für die im Mantel bei cut-off geführte Leistung P_{Mc}

$$P_{Mc} \sim \int_R^{\infty} \frac{1}{r^{2m}} r dr \tag{3.98}$$

Dieses Integral divergiert für die Umfangsordnung $m = 0$ und $m = 1$; damit geht das Verhältnis $P_{Mc}/(P_{Kc} + P_{Mc})$ gegen Eins. Alle Leistung wird im Mantel geführt. Für Umfangsordnungen $m \geq 2$ hingegen konvergiert das Integral zum Wert

$$P_{Mc} \sim \frac{1}{2 - 2m} R^{2-2m} \quad für \quad m \geq 2 \tag{3.99}$$

welcher für wachsendes m immer kleiner wird, woraus sich nach einiger Rechnung das Ergebnis von Gl. (3.97) ergibt.

Im Falle von Monomodefasern ist deren Einwelligkeit nur für V-Werte kleiner als 2.405 gegeben; aus Gründen möglichst guter Führung der Welle weist sie keine kleineren V-Werte als 1.5 auf. Aus Abb. 3.17 kann man entnehmen, daß das Verhältnis P_v/P nahe der cut-off des nächsthöheren Modes bei $V = 2.4$ etwa bei 0.8 liegt; d.h. 20% der Strahlung breitet sich im Mantelbereich aus. Dieses Verhältnis verschlechtert sich bei $V = 1.5$ auf etwa 0.5; nur noch die Hälfte der Strahlung befindet sich im Kerngebiet. Eine noch weitere Ausdehnung der Welle in den Mantel hinein ist aufgrund der zunehmenden Dämpfung durch Streuung und Absorption im Mantelinneren und an der Mantelgrenze nicht mehr tolerierbar.

Kapitel 4

Impulsverzerrungen in Glasfasern

Zur Nachrichtenübertragung über Glasfaserstrecken verwendet man modulierte Lichtimpulse. Diese pflanzen sich in der Faser im allgemeinen in Form von Moden unterschiedlicher Ausbreitungsgeschwindigkeit fort, was eine Verbreiterung der Pulsform am Faserausgang zur Folge hat.

4.1 Pulsverbreiterung in Multimode-Fasern

Das Ausbreitungsverhalten des einzelnen Modes läßt sich charakterisieren durch die Phasengeschwindigkeit v_p

$$v_p = \frac{\omega}{\beta} = \frac{c}{\beta/k} = \frac{c}{n_{eff}} \tag{4.1}$$

und durch die Gruppengeschwindigkeit v_g des Schwerpunktes eines Wellenpakets

$$v_g = \frac{d\omega}{d\beta} = \frac{c}{d\beta/dk} = \frac{c}{n_g} \tag{4.2}$$

Letztere ist die Energieausbreitungsgeschwindigkeit des Lichtimpulses in der Faser.

Hierbei sind die Größen

$$n_{eff} = \beta/k \tag{4.3}$$

die sog. effektive Brechzahl eines Modes der Phasenkonstante β und

$$n_g = d\beta/dk \tag{4.4}$$

der sog. Gruppenindex. An Stelle der Gruppengeschwindigkeit hat sich die daraus abgeleitete Gruppenlaufzeit pro Längeneinheit τ

$$\tau = \frac{1}{v_g} = \frac{1}{c} \cdot \frac{d\beta}{dk} \tag{4.5}$$

mit der Dimension $[s \cdot m^{-1}]$ eingebürgert. Jeder einzelne Mode bewegt sich mit der ihm eigenen Gruppengeschwindigkeit entlang der Faser. Strahlt man am Faseranfang einen kurzen Lichtpuls ein, so werden in der Multimodefaser viele Hunderte von ausbreitungsfähigen Moden angeregt, welche aufgrund der unterschiedlichen Gruppenlaufzeiten jeweils zu einem anderen Zeitpunkt am Ende der Faser ankommen. Es entsteht eine ganze Serie überlagerter Pulse, welche zusammen einen verschmierten Gesamtimpuls ergeben, dessen zeitliche Länge sich aus der Differenz zwischen der Laufzeit der schnellsten und der langsamsten Modengruppe ergibt. Bei einer Faser der Länge L erhalten wir für die Pulsverbreiterung, die sogenannte Modendispersion,

$$\Delta t = (max(\tau_{mp}) - min(\tau_{mp})) \cdot L \tag{4.6}$$

Zur Berechnung von Δt müssen die Phasenkonstanten β_{mp} mit Hilfe der Verfahren von Kapitel 3 als Funktion der Wellenzahl k ermittelt und entsprechend Gl. 4.5 nach k differenziert werden.

4.1.1 Stufenindex-Multimode-Fasern

Im Falle der schwach führenden Stufenindex-Faser erweist sich die Darstellung der Modendispersion mit Hilfe der normierten Größen B und V als vorteilhaft. Mit der Definition (3.91) des normierten Phasenmaßes B erhalten wir für die Phasenkonstante β

$$\beta = k\sqrt{n_M^2 + (n_K^2 - n_M^2)B}. \tag{4.7}$$

Im Rahmen der Näherung geringer Brechzahldifferenzen zwischen Kern und Mantel, wie es bei der schwach führenden Stufenindex-Faser der

Fall ist, folgt daraus

$$\beta \approx n_M k \left(1 + \frac{1}{2}\frac{(n_K - n_M)(n_K + n_M)}{n_M^2} B\right) \approx n_M k + (n_K - n_M) k B \tag{4.8}$$

Durch Differentiation erhalten wir für die Gruppenlaufzeit

$$\tau = \frac{1}{c}\left[\frac{d(n_M k)}{dk} + \left(\frac{d(n_K k)}{dk} - \frac{d(n_M k)}{dk}\right) B + (n_K - n_M) k \frac{dB}{dV}\frac{dV}{dk}\right] \tag{4.9}$$

mit

$$V = \sqrt{n_K^2 - n_M^2} R k\,. \tag{4.10}$$

Differentiation von V nach k liefert unter der (realistischen) Annahme einer nur schwachen Abhängigkeit der Brechzahl von der Wellenzahl k

$$\tau = \frac{1}{c}\left[\frac{d(n_M k)}{dk} + \left(\frac{d(n_K k)}{dk} - \frac{d(n_M k)}{dk}\right)\frac{d(VB)}{dV}\right] \tag{4.11}$$

Der erste Term $d(n_M k)/dk$ beschreibt die Grundlaufzeit der Faser, gegeben durch die Materialeigenschaften $n_M(k)$ des Mantelmaterials. Der zweite Term berücksichtigt die Laufzeiterhöhung der Kernwellen gegenüber dem reinen Mantelmaterial. Diese resultiert aus der höheren Brechzahl im Kern $n_K(k)$ und aus den Zickzackwegen der Kernwellen, welche durch den Differentialquotienten $d(VB)/dV$, den sog. Laufzeitfaktor, erfaßt werden. In Abb. 4.1 ist dessen Verlauf über der normierten Frequenz V für die niedrigen LP_{mq}–Moden gezeigt.

Die LP_{0q}- und die LP_{1q}-Moden beginnen mit $d(VB_{mq})/dV = 0$, ihre Laufzeit entspricht nach Gl. 4.11 derjenigen von ebenen Wellen im Mantel. Für $m \geq 2$ beginnen die Wellen an ihrer cut-off mit einer höheren Laufzeit. Weit oberhalb ihrer Grenzfrequenz geht $d(VB_{mq})/dV \to 1$; dann wird $\tau_{mq} = (1/c) d(n_K k)/dk$, d.h. gleich der Laufzeit im Kern, auf den die Welle dann im wesentlichen beschränkt ist. Im allgemeinen beginnen die Moden mit niedrigen Gruppenlaufzeitfaktoren an ihrer cut-off, durchlaufen ein Maximum, um dann gegen Eins zu gehen. Das Maximum hat den Wert

$$\left(\frac{d(VB_{mq})}{dV}\right)_{max} = 2\left(1 - \frac{1}{m}\right) \quad \textit{für}\ m \geq 2 \tag{4.12}$$

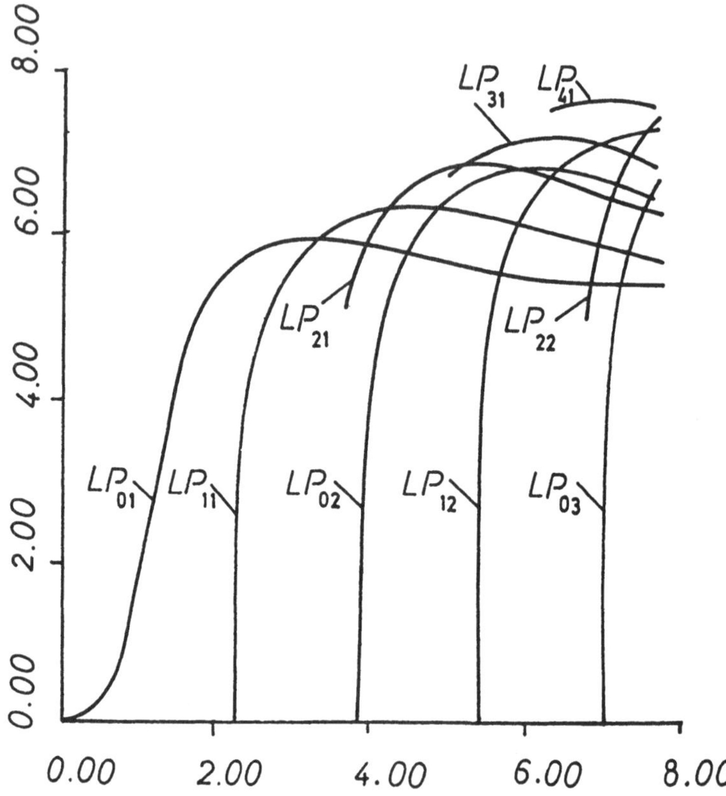

Abbildung 4.1: Gruppenlaufzeitfaktor $d(VB)/dV$ der Kernwellen von schwach führenden Fasern mit Stufenprofil.

Kernwellen höherer Umfangsordnung $m \geq 5$ beginnen jedoch gleich beim Maximum. Es haben daher bei einem bestimmten V-Wert die Moden höchster Umfangsordnung m bei gleichzeitig niedrigster radialer Ordnung q die längste Laufzeit. Für die maximal mögliche Umfangsordnung solcher Moden bei einem gegebenen V-Wert gilt bei $m \gg 5$ näherungsweise

$$m_{max} \approx V \,. \tag{4.13}$$

Damit ist nach Gl. 4.11 für eine Stufenindex-Multimodefaser, die bei einem bestimmten Wert für V mit $V \gg 1$ betrieben wird, die maximale Laufzeit eines Pulses

$$\tau_{max} = \frac{1}{c}\left[\frac{d(n_M k)}{dk} + \left(\frac{d(n_K k)}{dk} - \frac{d(n_M k)}{dk}\right) 2\left(1 - \frac{1}{V}\right)\right] \,. \tag{4.14}$$

Die kürzeste Laufzeit besitzen unter diesen Bedingungen die Wellen niedrigster Ordnung. Da für diese der Laufzeitfaktor gegen Eins geht, erhalten wir

$$\tau_{min} = \frac{1}{c}\frac{d(n_K k)}{dk} \,. \tag{4.15}$$

Hierbei wird ein einzelner LP_{0q}- oder LP_{1q}-Mode, der möglicherweise gerade schon mit kleinerer Laufzeit erregt wird, vernachlässigt gegenüber der Fülle der anderen LP_{mq}-Moden mit $m \geq 2$. Die Laufzeitdifferenz zwischen den schnellsten und den langsamsten Moden ist daher

$$\Delta\tau = \frac{1}{c}\left(\frac{d(n_K k)}{dk} - \frac{d(n_M k)}{dk}\right)\left(1 - \frac{2}{V}\right) \,. \tag{4.16}$$

Vernachlässigt man die Materialdispersion als kleine Größe, d.h. $d(nk)/dk \approx n$ und betrachtet zusätzlich nur Multimodefasern mit großen V-Werten, so ergibt sich für die maximale Laufzeitdifferenz

$$\Delta\tau = \frac{1}{c}(n_K - n_M) \,. \tag{4.17}$$

Die Modendispersion der Stufenindex-Multimodefaser ist also direkt proportional zur Brechzahldifferenz zwischen Kern und Mantel.

Unter bestimmten Anregungsbedingungen sind alle Moden am Anfang der Faser gleich erregt. Breiten sich diese unabhängig voneinander aus, so erreichen sie das Ende der Faser nach einer bestimmten Laufzeit t, die zwischen $\tau_{min} \cdot L$ und $\tau_{max} \cdot L$ liegt. Die Impulsantwort $f_A(t)$ am Ende der Faser für einen Eingangspuls der Form $f_E(t)$ ist gegeben durch die Überlagerung der Antworten der einzelnen Moden

$$f_A(t) = \sum_{m,p} f_E(t - \tau_{mp} \cdot L) \tag{4.18}$$

Man kann zeigen, daß bei der Stufenindex-Multimodefaser die Dichte der ankommenden Moden bezüglich ihrer Laufzeit mehr oder weniger konstant ist. Es kommen also im Zeitintervall zwischen t und $t + \delta t$ gleichviele Moden am Faserausgang an, solange $\tau_{min} \cdot L < t < \tau_{max} \cdot L$ gilt. Die Impulsantwort einer Stufenindex- Multimodefaser ist daher rechteckförmig, wie in Abb. 4.2 zu sehen ist.

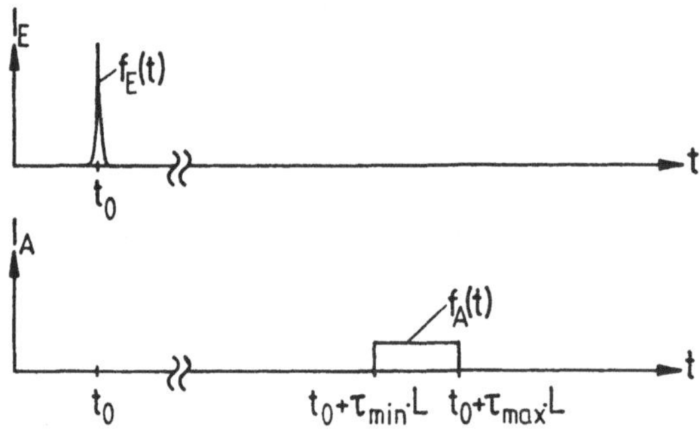

Abbildung 4.2: Intensität des Eingangsimpulses $f_E(t)$ und der Impulsantwort $f_A(t)$ einer Stufenindex-Multimodefaser der Länge L

Entsprechend Gl. 4.17 kann eine typische Multimodefaser mit Brechzahldifferenzen von etwa $5 \cdot 10^{-3}$ bei einer resultierenden Laufzeitdifferenz $\Delta\tau = 17ns \cdot km^{-1}$ nur Datenraten von maximal $30 Mbit\, s^{-1} km$ übertragen.

Neben der tatsächlichen Anregung der Faser haben Störungen im Wellenleiter, hervorgerufen durch unregelmäßige Krümmungen oder andere Streueffekte, einen nicht zu vernachlässigenden Einfluß auf die

Pulsverbreiterung. Solche Störungen bewirken eine Vermischung und Verkopplung der Moden untereinander. Bei regellosen Störungen holt daher Licht, das von einem langsamen Mode in einen schnellen übergekoppelt wird, wieder auf, und umgekehrt wird in schnellen Moden transportiertes Licht durch Kopplung in langsame Moden verlangsamt. Es wird daher im statistischen Mittel ab der sogenannten Koppellänge L_C die Laufzeitstreuung nicht mehr proportional zur Faserlänge L, sondern nur noch proportional $\sqrt{L}$ zunehmen.

4.1.2 Gradienten-Multimode-Fasern

Bei den Stufenindex-Multimodefasern besteht für die Pulsverbreiterung der einzige Freiheitsgrad bezüglich einer Minimierung in der Brechzahldifferenz zwischen Kern und Mantel. Läßt man hingegen einen durch eine stetige Funktion $n(r)$ gekennzeichneten Brechzahlverlauf zu, dann hat man eine Fülle weiterer Freiheitsgrade, durch deren geschickte Wahl man die Pulsverbreiterung weiter minimieren kann. Eine spezielle Form des Brechzahlprofils, das sogenannte Parabelprofil, hat sich als besonders günstig in Bezug auf das Pulsübertragungsverhalten erwiesen.
Die Geschwindigkeit v_p, mit der sich eine Welle ausbreitet, ist umgekehrt proportional zur vom Radius r abhängigen Brechzahl $n(r)$

$$v_p(r) = \frac{c}{n(r)} \tag{4.19}$$

Breitet sich im strahlenoptischen Bild ein Lichtstrahl von der Achse einer solchen Gradientenfaser her aus, wie in Abb. 4.3 gezeigt, so wird er stetig zur Achse zurückgebogen.
Da er im dünneren Medium außerhalb der Achse schneller läuft als in der Achsgegend, kann er eine langsam laufende axiale Welle wieder einholen, woraus geringe Laufzeitunterschiede zwischen den beiden Lichtstrahlen resultieren. Bei der Stufenindexfaser hingegen verbleibt der Strahl auf seinem Zickzackweg im gleichen Medium konstanter Brechzahl n_K genau wie ein axialer Strahl, so daß ein Aufholen unmöglich ist.
Im allgemeinen interessiert man sich bei Multimodefasern nicht so sehr für das Verhalten des einzelnen Modes als vielmehr für den globalen

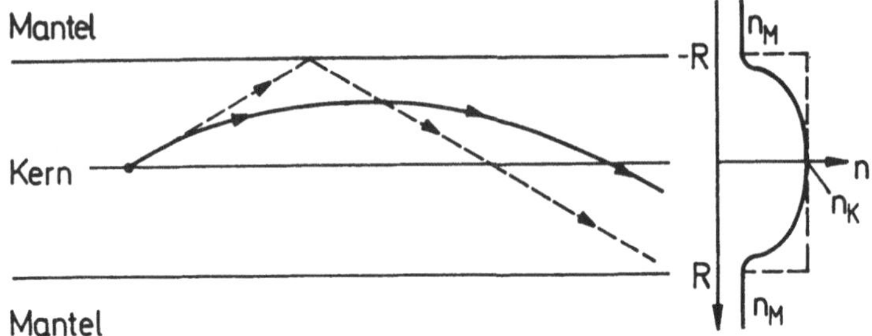

Abbildung 4.3: Optischer Weg eines Lichtstrahls in einer Gradienten-(———) und in einer Stufenindex-(- - - - -)Faser.

Effekt der Pulsverbreiterung, der sich aus den verschiedenen Gruppenlaufzeiten der vielen einzelnen Moden ergibt.

Zur Berechnung der Pulsverbreiterung müssen wir nach Ermittlung der jeweiligen Gruppenlaufzeiten die Moden im Laufzeitintervall zwischen τ und $\tau + d\tau$ abzählen, deren Energieanteil bestimmen, der aufgrund der Einstrahlbedingungen auf diese Moden fällt, und am Ende der Leitung die von den einzelnen Moden geführten Lichtimpulse zu einem neuen Gesamtimpuls zusammensetzen. Im allgemeinen nimmt man einfachheitshalber für den Eingangsimpuls Gleichverteilung der Energie auf alle Moden an, was technisch allerdings nicht immer realisiert ist.

Führt man diese Rechnungen für sogenannte Potenzprofile durch, welche in Abb. 4.4 dargestellt und durch die Beziehung

$$n^2(r) = \begin{cases} n_K^2 - (n_K^2 - n_M^2)\left(\frac{r}{R}\right)^p & \text{für } r \leq R \\ n_M^2 & \text{für } r > R \end{cases} \tag{4.20}$$

mit Hilfe des Potenzfaktors p charakterisiert sind,so erhält man die normierte Impulsantwort von Abb. 4.5 (nach D. Gloge, E. Marcatili: Bell Syst.Tech.J. 52, 1563 (1973)).

Aufgetragen ist die Impulsantwort als Funktion der dimensionslosen

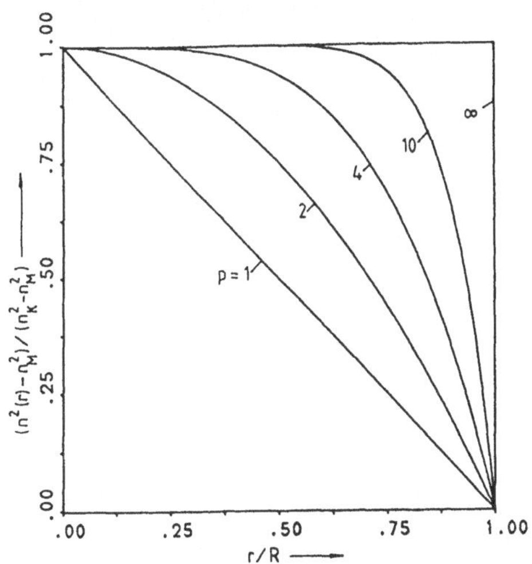

Abbildung 4.4: Brechzahlverlauf von Potenzprofilen

normierten Zeitverzögerung τ_{norm}, welche definiert ist durch

$$\tau = \frac{n_K}{c}(1 + \tau_{norm}) \tag{4.21}$$

wobei eine Grundlaufzeit von n_K/c für alle Moden abgezogen wurde. Die Größe Δ ist die relative Brechzahldifferenz

$$\Delta = \frac{n_K - n_M}{n_K} \tag{4.22}$$

Mit $p \to \infty$ ist ein Stufenindexprofil charakterisiert mit der stufenförmigen Impulsantwort der normierten Breite $\tau_{norm} = \Delta$. Dem entspricht nach Gl. 4.21 die normierte Laufzeitdifferenz

$$\Delta\tau_{p\to\infty} = \frac{n_K}{c}\tau_{norm,p\to\infty} = \frac{n_K}{c}\Delta = \frac{1}{c}(n_K - n_M) \tag{4.23}$$

wie im letzten Kapitel gezeigt. Hierbei kommen zuerst die schnellen Moden niedriger Ordnung und zum Schluß die der höchsten Umfangsordnung an.

Eine Verminderung von $p \to \infty$ auf $p = 10$, welche eine relativ kleine Änderung der Profilform bedeutet, verschmälert die Impulsantwort um

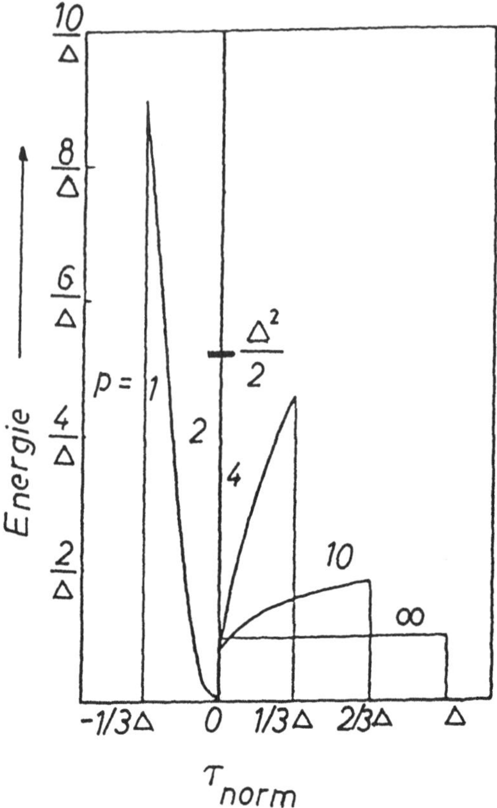

Abbildung 4.5: Impulsantwort von Multimodefasern mit Potenzprofilen.

ein Drittel. Sie wird extrem schmal für ein parabelförmiges Brechzahlprofil mit $p = 2$. Hier hat die normierte Zeitverzögerung τ_{norm} den Wert $\Delta^2/2$. Dem entspricht eine Laufzeitdifferenz pro Längeneinheit von

$$\Delta\tau_{p=2} = \frac{n_K}{c}\frac{\Delta^2}{2}, \tag{4.24}$$

ein Wert, der wegen der Kleinheit der normierten Brechzahldifferenz Δ von weniger als 10^{-2} eine Verbesserung der Impulsverbreiterung des Parabelprofils gegenüber dem Stufenindexprofil um einen Faktor von mehr als 200 bedeutet.

Mit weiter abnehmendem Profilparameter p verbreitert sich die Impulsantwort wieder, wobei jetzt die höheren Moden die niedrigeren überholen und eher ankommen; daher wird wegen der Normierung von Gl. 4.21 die relative Zeitdifferenz τ_{norm} negativ.
Der Bereich des Optimums nahe $p = 2$ soll im folgenden an einer Faser mit einem Kernradius von $50\mu m$ und einer normierten Brechzahldifferenz $\Delta = 1.5 \cdot 10^{-2}$ genauer untersucht werden.
Mit Hilfe eines numerischen Lösungsverfahrens für Gradientenfasern werden die Phasenkonstanten β_{mp} der verschiedenen Moden als Funktion der Wellenzahl k berechnet, woraus dann durch Differentiation nach k die jeweiligen Gruppenindices und damit die Laufzeiten folgen. Trägt man die so erhaltenen Gruppenindices $n_g = d\beta_{mp}/dk$ gegen die effektiven Brechzahlen $n_{eff} = \beta_{mp}/k$ der Moden einer bestimmten Umfangsordnung m auf, so erhält man für die Potenzprofile entsprechend Gl. 4.20 einen nahezu linearen Zusammenhang. In Abb. 4.6 sind die Ergebnisse für Moden der Umfangsordnung $m = 0$ für zwei Wellenlängen $\lambda = 0.82\mu m$ und $\lambda = 1.55\mu m$ aufgetragen.
Für die Wellenlänge $\lambda = 0.82\mu m$ bei einem Profilparameter $p = 2.08$ weisen die Moden mit Ausnahme des höchsten nahe seinem cut-off alle etwa die gleichen Gruppenindices auf, das heißt, sie haben nahezu gleiche Gruppengeschwindigkeit. Bei $\lambda = 1.55\mu m$ ist der optimale p-Wert zu $p = 1.81$ verschoben. Abweichungen von diesen optimalen Werten bewirken unterschiedliche Gruppenlaufzeiten und damit größere Pulsverbreiterungen. Obwohl die Kurven von Abb. 4.6 sich nur auf den Teilbereich der Moden mit der Umfangsordnung $m = 0$ beziehen, zeigt es sich, daß das globale Optimum von p für alle Umfangsordnungen m mehr oder weniger identisch ist mit demjenigen für $m = 0$.

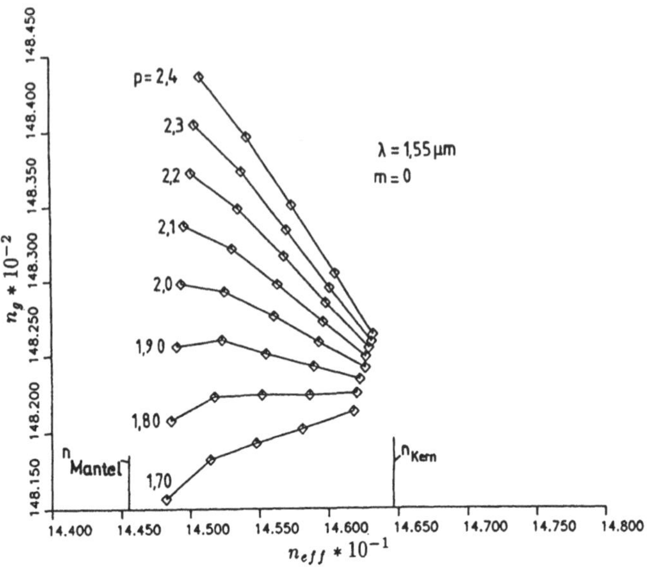

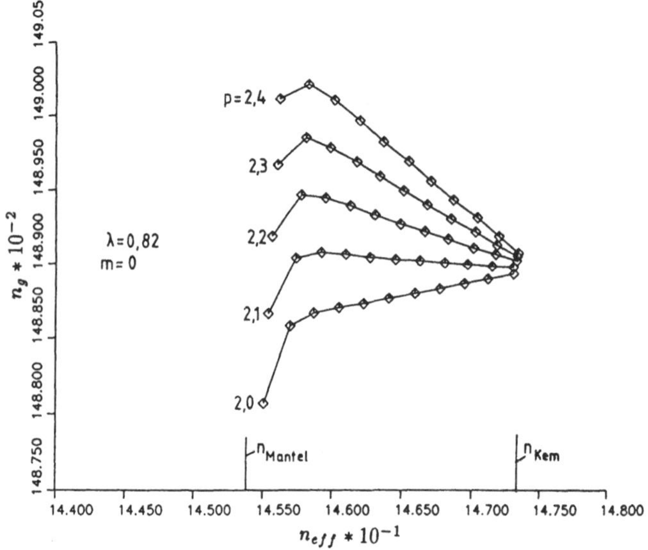

Abbildung 4.6: Gruppenindex als Funktion der effektiven Brechzahl für $m = 0$.

Abb. 4.7 zeigt die berechneten Gruppenindices aller geführten Moden für $\lambda = 0.82\mu m$ und $p = 2.08$.

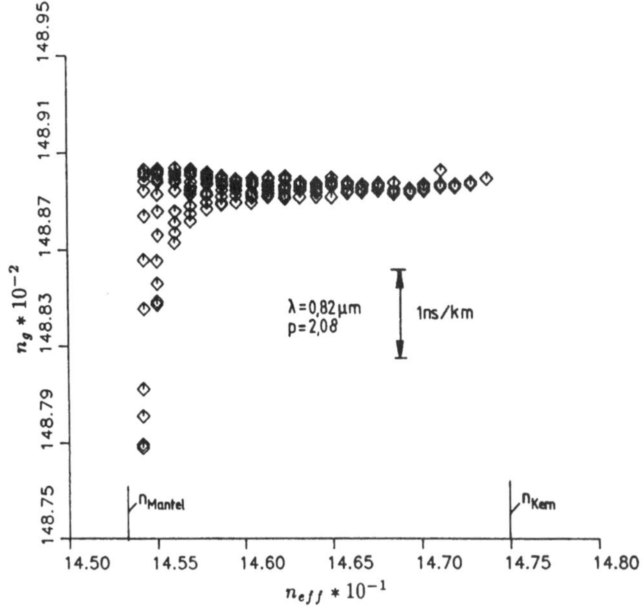

Abbildung 4.7: Gruppenindex n_g als Funktion der effektiven Brechzahl n_{eff} für alle geführten Moden.

Es ergibt sich eine gute Angleichung der Laufzeiten aller Moden, wenn man die wenigen hohen, bereits schlecht geführten Moden in der Nähe ihres cut-off vernachlässigt. Mit Hilfe des in Abb. 4.7 eingefügten Maßstabes für die Verzögerungszeit mit der Einheit 1 $nskm^{-1}$ kann man ablesen, daß mit solch einer Gradientenfaser Datenraten von mehr als 500 $Mbit\, s^{-1} \cdot km$ übertragen werden können.
Damit ist die Grenze der Möglichkeiten für Multimodefasern erreicht. Die Herstellungstoleranzen für Brechzahlprofile erlauben längst nicht die Realisierung von Feinheiten im p-Profil mit mehreren Stellen hinter dem Komma. Will man Fasern zu halbwegs realistischen Kosten herstellen, so kann man gerade noch eine Forderung $p \approx 2$ erfüllen.

Um noch höhere Datenraten über Glasfasern übertragen zu können, muß man zur Monomodefaser greifen, in welcher nur noch der Grundmode ausbreitungsfähig ist und es daher keine Modendispersion mehr gibt. Es verbleibt aber ein möglicher Laufzeitunterschied zwischen den zwei Polarisationsrichtungen.

4.2 Pulsverbreiterung in Monomode-Fasern

In der Monomode-Faser ist nur noch der Grundmode ausbreitungsfähig. Trotzdem ist auch hier die maximal übertragbare Datenrate begrenzt, wenn sie auch wesentlich höher als bei der Multimode-Faser liegt. Ursache für die restliche Pulsverbreiterung des Grundmodes ist die Wellenlängenabhängigkeit von dessen Gruppenlaufzeit. Da jeder Eingangspuls prinzipiell eine endliche spektrale Breite aufweist, einmal wegen der Bandbreite der als Sender benutzten Lichtquelle, zum anderen wegen den aus der Modulation des Lichtsignals resultierenden Seitenbändern des Pulsspektrums, wird jeder dieser spektralen Anteile mit einer etwas unterschiedlichen Geschwindigkeit durch die Faser wandern. Als Folge davon kommen die verschiedenen Frequenzanteile zu verschiedenen Zeiten am Faserende an. Der resultierende Ausgangspuls erscheint mehr oder weniger verzerrt und im allgemeinen zeitlich gedehnt. Die Stärke der Verzerrung hängt dabei sowohl von der spektralen Verteilung des Eingangspulses als auch von der Wellenlängenabhängigkeit der Gruppenlaufzeit des Grundmodes ab. Dieser sog. intramodale Pulsverbreiterungsmechanismus soll an zwei Extrembeispielen behandelt werden.

Im ersten Fall sei die spektrale Breite $\Delta\lambda$ der als Sender genutzten Lichtquelle wesentlich breiter als die durch die Modulation der Lichtwellen sich ergebenden Seitenbänder. Der Sender kann daher als eine ganze Serie voneinander unabhängiger Lichtquellen angesehen werden, welche im Wellenlängenbereich

$$\lambda_0 - \Delta\lambda/2 < \lambda < \lambda_0 + \Delta\lambda \tag{4.25}$$

um die Mittenwellenlänge λ_0 im Takt der Modulation strahlen. Die normierte Gruppenlaufzeit $\tau(\lambda)$ der Faser (Laufzeit pro Längeneinheit) ist gegeben durch

$$\tau(\lambda) = \frac{1}{c}\frac{d\beta(\lambda)}{dk}, \tag{4.26}$$

wobei $\beta(\lambda)$ die wellenlängenabhängige Phasenkonstante des Grundmodes der Faser ist. Da die relative Bandbreite $\Delta\lambda/\lambda_0$ der Lichtquelle im allgemeinen sehr klein ist, läßt sich die Wellenlängenabhängigkeit der Faser durch eine Taylor-Reihe

$$\tau(\lambda) = \tau(\lambda_0) + \left.\frac{d\tau(\lambda)}{d\lambda}\right|_{\lambda_0} (\lambda - \lambda_0) \tag{4.27}$$

mit Abbruch nach dem ersten Glied approximieren.
Die durch die Bandbreite $\Delta\lambda$ der Lichtquelle bedingte Unschärfe der Gruppenlaufzeit $\Delta\tau$ beträgt daher

$$\Delta\tau = \tau(\lambda_0 + \Delta\lambda/2) - \tau(\lambda_0 - \Delta\lambda/2) = \left.\frac{d\tau(\lambda)}{d\lambda}\right|_{\lambda_0} \Delta\lambda \tag{4.28}$$

Die Pulsverbreiterung Δt einer Monomodefaser der Länge L für eine Lichtquelle der relativen Bandbreite $\Delta\lambda/\lambda_0$ ist daher

$$\Delta t = L\Delta\lambda D_t(\lambda_0), \tag{4.29}$$

mit

$$D_t(\lambda) = -\frac{1}{\lambda c}k\frac{d^2\beta(\lambda)}{dk^2}. \tag{4.30}$$

Im vorliegenden Fall hängt also die Pulsverbreiterung Δt linear vom Dispersionskoeffizienten D_t der Faserlänge L und der Senderbandbreite $\Delta\lambda$ ab. Zur Erzielung hoher Datenraten ist man daher bestrebt, $\Delta\lambda$ möglichst klein zu machen.
Eine Reduktion von $\Delta\lambda$ durch den Einsatz immer schmalbandigerer Laser führt zum anderen Extremfall, dem einer idealisierten rein monochromatischen Strahlung des Senders im Dauerstrichbetrieb. Jetzt geht zwar die Bandbreite $\Delta\lambda$ gegen Null - wir haben es nur noch mit einer einzigen, genau definierten Strahlungsquelle zu tun. Jedoch verbleibt durch die Modulation des Senders ein endliches Seitenbandspektrum, welches nun die Begrenzung für die maximal übertragbare

Datenrate darstellt. Um für diesen Fall die Pulsverzerrung zu bestimmen, muß durch Fourier-Transformation die Spektralfunktion des Eingangspulses berechnet, diese mit der Übertragungsfunktion der Glasfaser multipliziert und die so erhaltene Gesamtspektralfunktion nach Fourier rücktransformiert werden.
Ist die Amplitude des Eingangspulses $E_E(t)$ gegeben durch eine Schwingung der Mittelfrequenz $\omega_0 = 2\pi c/\lambda_0$ mit der Hüllkurve $f_E(t)$

$$E_E(t) = f_E(t)e^{j\omega_0 t}\,, \tag{4.31}$$

so lautet nach Fourier dessen Spektralfunktion

$$A(\omega) = \int_{-\infty}^{\infty} f_E(t)e^{j(\omega_0-\omega)t}dt\,. \tag{4.32}$$

Auf der Strecke L erleidet jede Komponente $A(\omega)$ in der Faser eine von ω abhängige Phasenverzögerung $\beta(\omega)L$. Die Übertragungsfunktion der Faser lautet im dämpfungsfreien Fall

$$F(\omega) = e^{-j\beta(\omega)L}\,. \tag{4.33}$$

Aufgrund der geringen Bandbreite der Modulationsseitenbänder läßt sich $\beta(\omega)$ hinreichend durch die Taylor-Reihe um die Mittenfrequenz ω_0

$$\beta(\omega) = \beta(\omega_0) + \left.\frac{d\beta(\omega)}{d\omega}\right|_{\omega_0}(\omega-\omega_0) + \frac{1}{2}\left.\frac{d^2\beta(\omega)}{d\omega^2}\right|_{\omega_0}(\omega-\omega_0)^2 \tag{4.34}$$

approximieren, oder abgekürzt

$$\beta(\omega) = \beta_0 + \beta_0'(\omega-\omega_0) + \frac{1}{2}\beta_0''(\omega-\omega_0)^2\,. \tag{4.35}$$

Im Falle, daß man sich bei der betrachteten Faser im Dispersionsnulldurchgang befindet, d.h. bei β_0'', muß die Taylor-Entwicklung bis zum nächsthöheren Glied β_0''' erfolgen.
Die Spektralfunktion $B(\omega)$ am Faserende ist daher (ohne β_0''')

$$B(\omega) = F(\omega)A(\omega) = A(\omega)e^{-j\left(\beta_0+\beta_0'(\omega-\omega_0)+\frac{1}{2}\beta_0''(\omega-\omega_0)^2\right)L}\,. \tag{4.36}$$

Die Überlagerung all dieser am Faserausgang herauskommenden Spektralkomponenten ergibt schließlich für den Ausgangspuls

$$E_A(t) = \frac{1}{2\pi} \int_{-\infty}^{\infty} A(\omega) e^{j\left(\omega t - \beta_0 L - \beta_0'(\omega-\omega_0)L - \frac{1}{2}\beta_0''(\omega-\omega_0)^2 L\right)} d\omega \,. \qquad (4.37)$$

Zur expliziten Auswertung dieses Integrals muß das dem jeweiligen Eingangspuls entsprechende Eingangsspektrum nach Gl. 4.32 berechnet und eingesetzt werden.
Ein noch analytisch erfaßbares Beispiel ist das eines Gauß-förmigen Eingangspulses der Hüllkurve

$$f_E(t) = \exp\left[-2\left(\frac{t}{t_E}\right)^2\right] \,. \qquad (4.38)$$

bei welchem die Pulsbreite t_E durch den $1/e$-Abfall der Intensität $E_E(t)E_E^*(t)$ definiert ist, d.h. $f_E^2(t)$ ist bei $t = \pm t_E/2$ auf $1/2$ seines Maximums bei $t = 0$ abgefallen. Ausführen der Fourier-Integrale liefert für die Hüllkurve $f_A(t)$ des Ausgangspulses ebenfalls wieder eine Gauß-Kurve

$$f_A(t) = g(t_E, \beta_0'', L) \cdot \exp\left[-2\frac{(t - L/v_g)^2}{t_E^2\left(1 + (4\beta_0'' L/t_E^2)^2\right)}\right] \,, \qquad (4.39)$$

welche um die durch die Gruppengeschwindigkeit v_g gegebene Laufzeit $-L/v_g$ zeitversetzt am Ende der Faser erscheint.
Der Ausgangspuls weist die vergrößerte Pulsbreite t_A auf mit

$$t_A^2 = t_E^2 + \left(\frac{4\beta_0'' L}{t_E}\right)^2 \,, \qquad (4.40)$$

wobei aus Gründen der Energieerhaltung der Vorfaktor $g(t_E, \beta_0'', L)$ umso kleiner wird, je stärker der Puls verbreitert ist. Die Pulsverbreiterung Δt des Gauß-Pulses nach Durchlaufen einer Faser der Länge L ist daher

$$\Delta t = \sqrt{t_E^2 + \left(\frac{4\beta_0'' L}{t_E}\right)^2} - t_E \qquad (4.41)$$

bzw. bei Verwendung des Dispersionsterms D_t nach Gl. 4.30

$$\Delta t = \sqrt{t_E^2 + \left(\frac{2L\lambda^2}{t_E c\pi} D_t(\lambda)\right)^2} - t_E \,. \tag{4.42}$$

Wie aus Gl. 4.40 ersichtlich, läßt sich bei gegebenem L die Ausgangspulsbreite t_A durch Verkleinern von t_E wegen des Terms $(1/t_E)^2$ nicht beliebig schmal machen. Es gibt daher eine optimale, von D_t und L abhängige Eingangspulsbreite, welche zu einer minimalen Ausgangspulsbreite führt. Diese erhält man aus der Nullstelle der Ableitung dt_A/dt_E

$$t_{A\,min} = \sqrt{2} t_{E\,opt} = \sqrt{\frac{4\lambda^2}{\pi c} L \mid D_t(\lambda) \mid} \,. \tag{4.43}$$

Die minimale Ausgangspulsbreite $t_{A\,min}$ und damit die maximal übertragbare Bandbreite $B \approx 1/(2t_{A\,min})$ ist also auch beim idealen Laser mit verschwindender Dauerstrichbandbreite $\Delta\lambda \to 0$ auf einen endlichen Wert begrenzt. Dieser ist im Falle Gauß-förmiger Pulsform proportional zur Wurzel von Faserlänge und Dispersionsfaktor.

4.2.1 Zusammensetzung der chromatischen Gesamtdispersion

Um möglichst hohe Datenraten übertragen zu können, ist man daher bestrebt, D_t, d.h. $d^2\beta/dk^2$ möglichst gegen Null gehen zu lassen. Die Phasenkonstante β entspricht der Projektion des Phasenkoeffizienten nk auf die Faserachse . Es ist also

$$\beta(k) = n(k)kp(k) \,. \tag{4.44}$$

Der Term $p(k)$ ist der Projektionsfaktor, er hat bei den hauptsächlich verwendeten Fasern geringer Brechzahldifferenzen einen Wert nahe Eins. Durch Bilden der zweiten Ableitung ergibt sich für den Dispersionskoeffizienten

$$D_t = -\frac{1}{\lambda c}\left[k\,\frac{d^2\beta}{dk^2}\bigg|_{p=const} + k\,\frac{d^2\beta}{dk^2}\bigg|_{n=const} + \quad rest.Terme\right] \,. \tag{4.45}$$

Der erste Term, die sog. Materialdispersion, berücksichtigt die Wellenlängenabhängigkeit der Brechzahl des Faserkerns. Der zweite Term, die sog. Wellenleiterdispersion, beinhaltet den Einfluß von Variationen des Projektionsfaktors, d.h. Variationen des Lichtwegs in der Faser in Abhängigkeit von der Wellenlänge. Dazu kommen noch restliche Glieder, welche Verkopplungen zwischen Material- und Wellenleiterdispersion, wie z.B. die Profildispersion, beschreiben. Diese sind im allgemeinen vernachlässigend gering. Wir können daher näherungsweise den Dispersionsfaktor der Gesamtdispersion D_t als additive Überlagerung von Material- und Wellenleiterdispersion ansehen:

$$D_t = D_m + D_w \, , \tag{4.46}$$

mit

$$D_m = -\frac{1}{\lambda c} k \left. \frac{d^2\beta}{dk^2} \right|_{p=const} \approx -\frac{1}{\lambda c} k \frac{d^2(nk)}{dk^2} \tag{4.47}$$

und

$$D_w = -\frac{1}{\lambda c} k \left. \frac{d^2\beta}{dk^2} \right|_{n=const} \, . \tag{4.48}$$

4.2.2 Ursachen der Materialdispersion

Die Ursache für die Materialdispersion läßt sich auch ohne komplizierte quantenmechanische Rechnungen zumindest auf qualitative Weise erklären, indem im Rahmen eines klassischen Modells die Atomelektronen des dielektrischen Mediums durch gedämpfte harmonische Oszillatoren beschrieben werden, die unter dem Einfluß der elektromagnetischen Wellen des einfallenden Lichtes zu erzwungenen Schwingungen angeregt werden.

Die Bewegungsgleichung für die erzwungene Schwingung des gedämpften Oszillators mit der Ladung q unter dem Einfluß des elektrischen Feldes $\vec{E}_0 e^{j\omega t}$ der Lichtwelle lautet in komplexer Schreibweise

$$m\frac{d^2\vec{x}}{dt^2} + b\frac{d\vec{x}}{dt} + s\vec{x} = q\vec{E}_0 e^{j\omega t} \, , \tag{4.49}$$

wobei m die effektive Masse der um den Weg $\vec{x}$ aus ihrer Ruhelage aus gelenkten Ladungsträger, b der Reibungsterm und s die effektive

Federkonstante sind. Mit dem Lösungsansatz

$$\vec{x} = \vec{x}_0 e^{j\omega t} \tag{4.50}$$

ergibt sich aus Gl. 4.49 für die Amplitude $\vec{x}_0$

$$\vec{x}_0 = \frac{q\vec{E}_0}{m(\omega_0^2 - \omega^2 + j\omega\gamma)}, \tag{4.51}$$

mit den Abkürzungen

$$\gamma = \frac{b}{m} \tag{4.52}$$

und

$$\omega_0^2 = \frac{D}{m}. \tag{4.53}$$

Durch diese erzwungene Schwingung der Ladungen q entsteht ein induziertes elektrisches Dipolmoment $\vec{P}_q$

$$\vec{P}_q = q\vec{x} = q\vec{x}_0 e^{j\omega t} = \frac{q^2\vec{E}_0}{m(\omega_0^2 - \omega^2 + j\omega\gamma)} e^{j\omega t}. \tag{4.54}$$

Hat man N solcher Oszillatoren pro Volumeneinheit, so ist die durch die Lichtwelle induzierte makroskopische Polarisation $\vec{P}$ gleich der Summe der Dipolmomente pro Volumeneinheit

$$\vec{P} = Nq\vec{x} \tag{4.55}$$

In Kapitel 2 hatten wir bereits eine Verknpüpfung zwischen $\vec{P}$ und $\vec{E}$ über die relative Dielektrizitätskonstante ε_r und damit über die Brechzahl n kennengelernt:

$$\vec{D} = n^2\varepsilon_0\vec{E} = \varepsilon_0\vec{E} + \vec{P}. \tag{4.56}$$

Setzen wir die Gln. 4.54; 4.55; 4.56 ineinander ein, so erhalten wir für die Brechzahl

$$n^2 = 1 + \frac{Nq^2}{\varepsilon_0 m(\omega_0^2 - \omega^2 + j\omega\gamma)}. \tag{4.57}$$

Um uns die Bedeutung dieses komplexen Brechungsindexes $n(\omega)$ klar zu machen, schreiben wir ihn in der Form

$$n = n' + j\kappa \qquad n', \kappa \quad reell \tag{4.58}$$

und betrachten eine Welle, die durch das mit $n(\omega)$ beschriebene Medium in z-Richtung entlang läuft

$$\vec{E} = \vec{E_0} \cdot \exp\left[j\left(\omega t - (n' - j\kappa)kz\right)\right] = \vec{E_0} \cdot \exp[-\alpha z] \cdot \exp\left[j(\omega t - n'kz)\right]$$
$$mit \quad \alpha = \kappa k \tag{4.59}$$

Hierbei bezeichnet die erste Exponentialfunktion die Dämpfung der Welle mit der Dämpfungskonstante α, während die zweite Exponentialfunktion die Wellenausbreitung in z-Richtung mit dem optischen (reellen) Brechungsindex n' beschreibt. In Abb. 4.8 ist der prinzipielle Verlauf des Absorptionskoeffizienten κ und der optischen Brechzahl n' in der Umgebung der Resonanzfrequenz ω_0 eines atomaren Übergangs gezeigt.

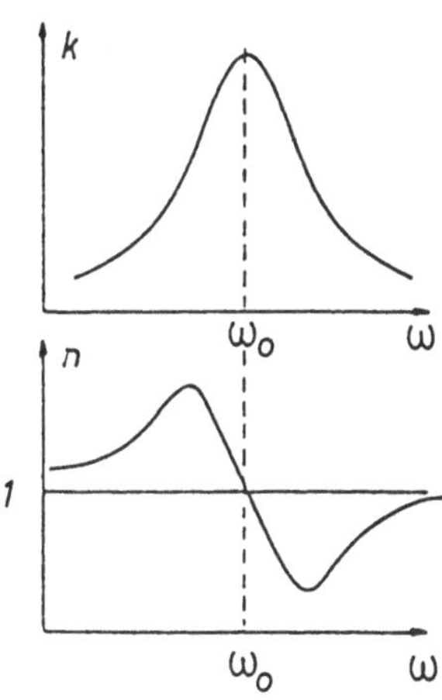

Abbildung 4.8: Prinzipieller Verlauf des Absorptionskoeffizienten κ und des Brechungsindex n' in der Umgebung einer Resonanz.

In der Umgebung einer Resonanz ist die Absorption besonders hoch. Bei dielektrischen Wellenleitern hingegen ist man vielmehr bestrebt, Licht möglichst ungedämpft zu übertragen. Man wird daher ω so wählen, daß man möglichst weit von einer Absorptionsresonanz ω_0 entfernt ist.

Wenn daher gilt

$$|\omega_0^2 - \omega^2| \gg |\omega\gamma| \tag{4.60}$$

dann kann der Term $j\omega\gamma$ in Gl. 4.57 vernachlässigt werden. Der ursprünglich komplexe Brechungsindex n wird reell und damit gleich dem optischen Brechungsindex $n\prime$

$$n^2 = 1 + \frac{Nq^2}{\varepsilon_0 m(\omega_0^2 - \omega^2)} \,. \tag{4.61}$$

Die Umformung auf die Wellenlängenskala mit $\omega = 2\pi c/\lambda$ liefert schließlich

$$n^2(\lambda) = 1 + \frac{Nq^2}{\varepsilon_0 m 2\pi c}\left(\frac{\lambda^2}{\lambda^2 - \lambda_0^2}\right) \tag{4.62}$$

oder abgekürzt in der allgemein üblichen Notation

$$n^2(\lambda) = 1 + \frac{A\lambda^2}{\lambda^2 - l^2} \tag{4.63}$$

mit

$$A = \frac{Nq^2\lambda_0}{\varepsilon_0 m 2\pi c} \tag{4.64}$$

und

$$l^2 = \lambda_0^2 \tag{4.65}$$

Im Falle des für Glasfasern hauptsächlich verwendeten Quarzglases muß im Bereich der optisch genutzten Wellenlängen $0,4\mu m < \lambda < 2\mu m$ die Überlagerung dreier Resonanzlinien berücksichtigt werden. Wir erhalten daher die sogenannte dreigliedrige Sellmeier-Gleichung

$$n^2(\lambda) = 1 + \sum_{i=1}^{3} \frac{A_i\lambda^2}{\lambda^2 - l_i^2} \,, \tag{4.66}$$

wobei die Sellmeier-Koeffizienten $A_i; l_i$ die experimentell bestimmten Werte

i	1	2	3
A_i	0.6961663	0.4079426	0.8974994
$l_i/\mu m$	0.0684043	0.1162414	9.8961610

aufweisen. Dotiert man das SiO_2, um die für die Wellenführung notwendige Brechzahlvariation zwischen Faserkern und Mantel zu erhalten, mit einer geeigneten Substanz, z.B. mit GeO_2, B_2O_3, F_2, so verändern sich die Werte der Sellmeierkoeffizienten ein wenig, was neben der beabsichtigten Brechzahlerhöhung oder -erniedrigung meist auch eine etwas geänderte Wellenlängenabhängigkeit des dotierten Quarzglases zur Folge hat. In Abb. 4.9 ist der Verlauf der Brechzahl von reinem bzw. von mit 7.9 $m\%$ GeO_2 dotierten SiO_2 gezeigt.

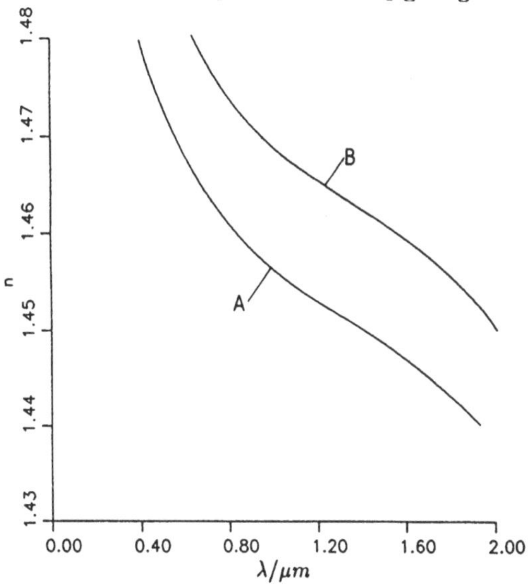

Abbildung 4.9: Brechzahlverlauf von reinem SiO_2 (A) und mit 7.9 $m\%$ GeO_2 dotiertem SiO_2 (B).

Die Brechzahl fällt stetig mit wachsender Wellenlänge ab, wobei sowohl Steigung als auch Krümmung über der Wellenlänge variieren.
Die Materialdispersion D_m entsprechend Gl. 4.47 erhalten wir durch zweimaliges Differenzieren der auf die Wellenzahl k umgeschriebenen Sellmeiergleichung 4.66

$$D_m = -\frac{1}{\lambda c} k \frac{d^2}{dk^2} \left(k \sqrt{1 + \sum_{i=1}^{3} \frac{A_i}{1 - \frac{l_i^2}{2\pi} k^2}} \right) . \tag{4.67}$$

Anstelle des recht länglichen Ausdrucks für D_m zeigt Abb. 4.10 gleich das Ergebnis über der Wellenlänge aufgetragen für die Fälle undotierten bzw. mit 7.9 $m\%$ GeO_2 dotierten SiO_2

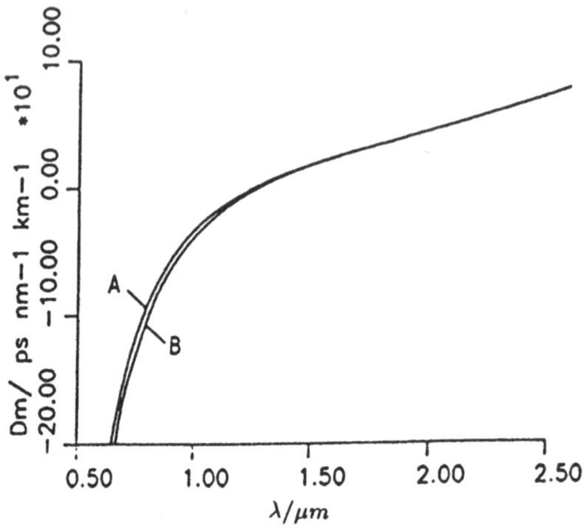

Abbildung 4.10: Materialdispersion für undotiertes SiO_2 (A) und mit 7.9 $m\%$ GeO_2 dotiertes SiO_2 (B).

Die Materialdispersion D_m weist also bei kleinen Wellenlängen relativ hohe negative Werte auf, steigt mit wachsender Wellenlänge allmählich an, um je nach Dotierung bei etwa 1.3 μm durch Null zu gehen und von da aus stetig weiter zu steigen. Die Kurven A für reines und B für dotiertes SiO_2 unterscheiden sich kaum. Wir können daher zwar abhängig vom Grad der Dotierung uns die gewünschte Brechzahl einstellen und damit durch ein passendes Dotierungsprofil ein vorgegebenes Brechzahlprofil eines Glasfaserkerns realisieren, jedoch können wir auf diese Weise keinen wesentlichen Einfluß auf die Materialdispersion nehmen.

4.2.3 Einfluß der Wellenleiterdispersion

Die Wellenleiterdispersion hängt von der zweiten Ableitung der Phasenkonstanten β nach der Wellenzahl k für konstante Brechzahl bezüglich k

$$D_w = -\frac{1}{\lambda c} k \left. \frac{d^2\beta}{dk^2} \right|_{n=const.} , \tag{4.68}$$

d.h. von der Krümmung der Phasenkurve ab. Nun ist es eine prinzipielle Eigenschaft von Lichtwellenleitern ungeachtet der speziellen Form ihres Brechzahlprofils, daß die Phasenkonstante $\beta(k)$ bei niedrigen k-Werten (großen Wellenlängen) gegen $n_M k$ geht (n_M = Mantelbrechzahl), während sie bei wachsenden k allmählich zunimmt, bis sie schließlich $n_K k$ erreicht (n_K = Kernbrechzahl). In Abb. 4.11 ist dieses Verhalten prinzipiell skizziert, wobei zur Verdeutlichung die Größen von n_K und n_M stark übertrieben dargestellt sind. Die genaue Form des Übergangs der $\beta(k)$-Kurve von der Gerade $n_M k$ auf die Gerade $n_K k$ hängt vom Brechzahlprofil der jeweiligen Faser ab. Die erste Ableitung $d\beta/dk\ |_{n=const.}$ ist in Abb.4.12, die zweite $d^2\beta/dk^2\ |_{n=const.}$ in Abb.4.13 dargestellt.

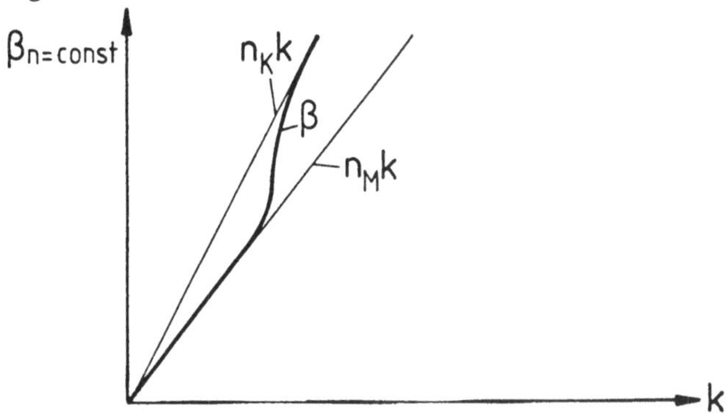

Abbildung 4.11: Prinzipieller Verlauf der Phasenkurve $\beta(k)$ einer Glasfaser mit Kernbrechzahl n_K und Mantelbrechzahl n_M.

Die Phasenkurve $\beta(k)$ durchläuft beim Übergang von $n_M k$ zu $n_K k$ zunächst einen Bereich positiver Krümmung, dann negativer Krümmung. Es weist daher $d^2\beta/dk^2$ sowohl positive wie negative Werte auf.

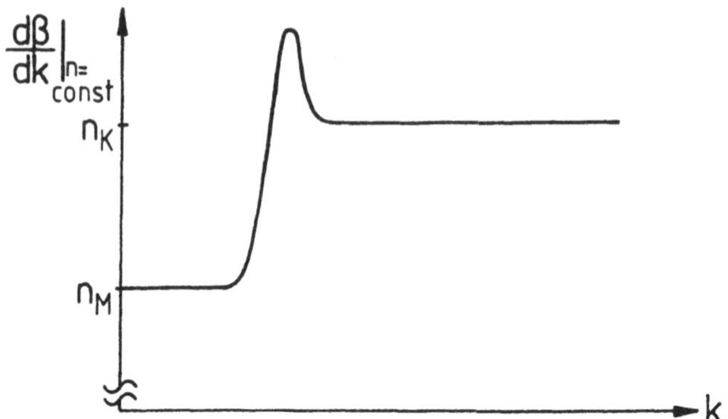

Abbildung 4.12: Prinzipieller Verlauf der ersten Ableitung $d\beta/dk$ für konstante Brechzahlen bezüglich k.

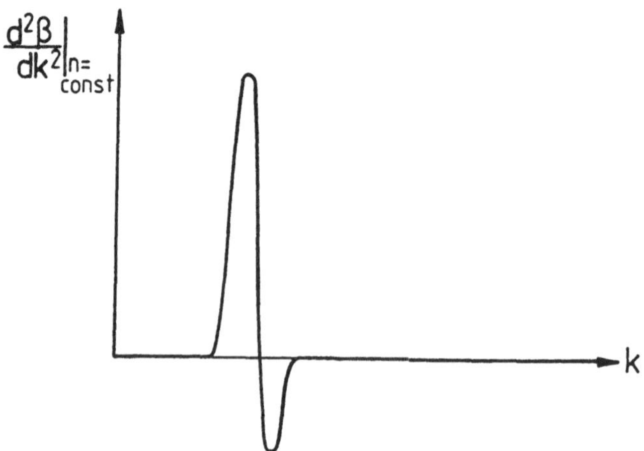

Abbildung 4.13: Prinzipieller Verlauf der zweiten Ableitung $d^2\beta/dk^2$ für konstante Brechzahlen bezüglich k.

Je größer die Differenz zwischen Kern- und Mantelbrechzahl ist, umso mehr differieren die Geraden $n_M k$ und $n_K k$, was zur Folge hat, daß dann auch die Krümmungen der Phasenkurve zunehmen müssen. Also werden dann auch die Maximal- bzw. Minimalwerte von $d^2\beta/dk^2$ größer als bei kleinen Brechzahldifferenzen sein. Der Ort des Übergangs von positiver zu negativer Krümmung und damit der Nulldurchgang der Wellenleiterdispersion hängt von Kernradius, Brechzahlprofil und Brechzahldifferenz ab. Wir haben also durch passende Wahl der Faserparameter die Möglichkeit, der Wellenleiterdispersion bei einer bestimmten Wellenlänge einen gewünschten Wert zu geben. Da wir weiterhin durch Verschieben des Nulldurchgangs sowohl positive wie negative Werte für D_w einstellen können, sind wir in der Lage, bei einer vorgegebenen Wellenlänge die gegebene Materialdispersion D_m durch einen entsprechenden, entgegengerichteten Wert von D_w zu kompensieren und auf diese Weise eine verschwindende Gesamtdispersion $D_t \to 0$ zu erzielen.

4.2.4 Kompensierte Fasern

Kompensierte Fasern sind solche, bei denen die Materialdispersion durch eine gleichgroße, entgegengerichtete Wellenleiterdispersion aufgehoben wird. Dabei können wir zwei Arten solcher Fasern unterscheiden: Beim ersten Typ geschieht die Kompensation nur bei einer einzigen Wellenlänge, an allen anderen Wellenlängen überwiegt entweder die Material- oder die Wellenleiterdispersion. Diese einfache Forderung läßt sich bereits mit einer Einfachsprungprofil-Monomode-Faser erfüllen. Eine bevorzugte Wellenlänge für Lichtübertragung in Glasfasern liegt bei $\lambda = 1.5\mu m$, denn bei dieser Wellenlänge ist die Dämpfung der Strahlung in der Faser minimal. Jedoch weist die Materialdispersion bei $1.5\mu m$ einen relativ großen Wert von etwa $+18 ps\, nm^{-1} km^{-1}$ auf, was bei einem handelsüblichen Laser einer Brandbreite von $4nm$ und einer Faserlänge von $50km$ die Datenrate auf etwa $130 Mbit\, s^{-1}$ begrenzen würde. Bei Verwendung einer Monomodefaser mit einem Kernradius von $2.4\mu m$ und einer relativen Brechzahldifferenz zwischen Kern und Mantel von $\Delta = (n_k - n_m)/n_m = 0.007$ ergibt sich eine gleichgroße negative Wellenleiterdispersion, wodurch sich der Nulldurchgang der Gesamtdispersion auf $\lambda = 1.5\mu m$ verschiebt. Bei dieser Wellenlänge ist die Datenrate nur noch durch die Steigung des Verlaufs der Gesamtdispersion begrenzt;

dies erlaubt die Übertragung von Datenraten im *GBit*-Bereich. In Abb. 4.14 ist das Brechzahlprofil und die Dispersionsverläufe über der Wellenlänge aufgetragen.

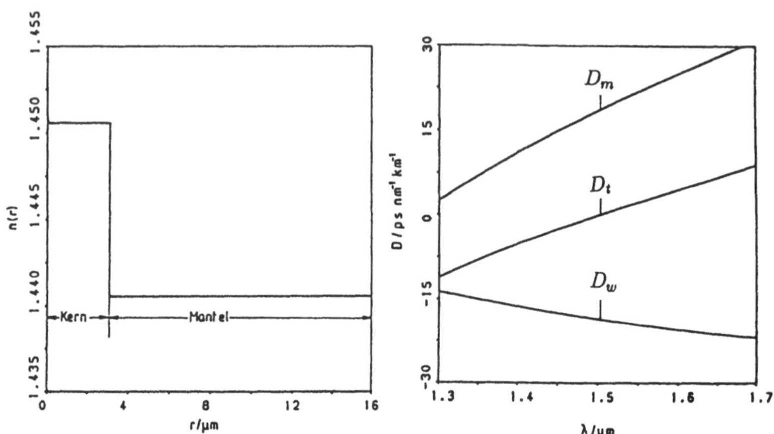

Abbildung 4.14: Beispiel von Dispersionskompensation an nur einer Wellenlänge

Der Nachteil der Kompensation bei nur einer Wellenlänge liegt darin, daß man als Sender nur einen einzigen Laser, der auf eben dieser Wellenlänge strahlt, zur Datenübertragung verwenden kann. Um möglichst hohe Datenraten über eine Faserstrecke übertragen zu können, möchte man aber nicht nur einen einzigen Lichtsender auf einer Wellenlänge verwenden, sondern statt dessen im Wellenlängen-Multiplex-Betrieb mehrere, voneinander unabhängige Lichtsender auf verschiedenen Wellenlängen. Dann benötigt man Glasfasern, die über diesen breiten Wellenlängenbereich eine Kompensation von Material- und Wellenleiterdispersion aufweisen. Dies ist der zweite Typ kompensierter Fasern, die sog. Breitbandfaser. Eine völlige Kompensation im gesamten gewünschten Wellenlängenbereich zu erreichen, erfordert einen sehr komplizierten und nur schwer realisierbaren Verlauf des Brechzahlprofils. Jedoch kann man in einem Kompromiß durch Verwendung eines Dreifachstufen-Profils eine nahezu verschwindende Gesamtdispersion erreichen, wie sie in Abb. 4.15 dargestellt ist.

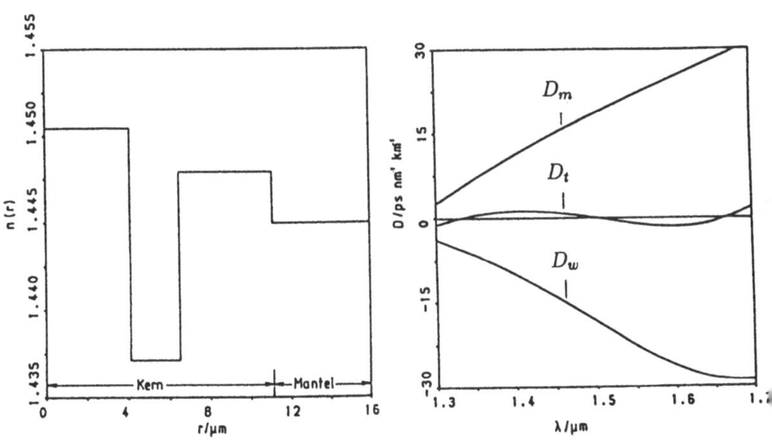

Abbildung 4.15: Beispiel einer dispersionskompensierten Breitbandfaser.

Hier ist die Gesamtdispersion im gesamten Wellenlängenbereich zwischen $1.3\mu m$ und $1.7\mu m$ nicht größer als $1.7 ps\, nm^{-1} km^{-1}$, während außerhalb dieses Bereiches die Gesamtdispersion sehr schnell große Werte annimmt. Damit lassen sich im Wellenlängen-Multiplex-Betrieb, abhängig von Laserbandbreite und Anzahl der Multiplex-Kanäle, Datenraten von mehreren hundert $Gbit\, s^{-1}$ über Faserlängen von bis zu 100 km übertragen.

Der Entwurf solcher Breitbandfasern wird mit wachsender Anzahl der zu optimierenden Faserparameter schnell beliebig schwierig. Ein möglicher Weg zum systematischen Entwurf solcher Fasern soll in einem späteren Kapitel in Form einer numerischen Synthese-Prozedur des Brechzahlprofils beschrieben werden.

Kapitel 5

Dämpfungsmechanismen in der Glasfaser

Die Dämpfung von Strahlung in der Faser resultiert aus den folgenden drei Prozessen:

- Absorption,
- Streuung,
- Strahlungsverluste durch Modenkonversion.

Durch Absorption wird Strahlungsleistung an Verunreinigungen im Fasermaterial in Wärme umgewandelt. Besonders die Ionen der Übergangselemente Cu, Fe, Co, Mn und Ni bewirken Absorptionsverluste im nahen Infrarotbereich. Man ist daher bemüht, die Konzentration dieser Elemente in den Ausgangsmaterialien für die Faserherstellung möglichst gering zu halten. Daneben hat das OH-Ion deutlich ausgeprägte, starke Absorptionsbanden im nahen Infrarotbereich bei 950 nm, 1240 nm und 1390 nm. Die kritischen Konzentrationen liegen dabei im *ppb*-Bereich. Zum UV- und längerwelligen IR-Bereich wird die Transmission der Faser durch die Eigenabsorption des Fasermaterials begrenzt, indem durch verlustbehaftete Anregung von Molekülschwingungen im Glas das eingestrahlte Licht gedämpft wird.

Während Absorptionsverluste im nachrichtentechnisch interessanten Wellenlängenbereich $0.8\,\mu m < \lambda < 1.7\,\mu m$ durch reinere Ausgangsmaterialien und Dehydrierung verringert werden können, ist die Streuung ein Phänomen, das vom Fasermaterial selbst herrührt und damit die untere mögliche Grenze für die Faserdämpfung festlegt. Die lineare

Streuung, Rayleigh-Streuung genannt, entsteht durch örtliche Dichteveränderungen des Quarzglases, was zu Schwankungen der Brechzahl und damit zu kontinuierlicher Streuung führt. Die gestreute und damit dem Nutzsignal entzogene Strahlungsleistung ist umgekehrt proportional zur vierten Potenz der Wellenlänge. Der hierdurch hervorgerufene Dämpfungsbeitrag fällt daher sehr rasch mit zunehmender Wellenlänge ab im Gegensatz zu Streueffekten an größeren Materialeinschlüssen wie Gasbläschen, die eine eher quadratische Wellenlängenabhängigkeit aufweisen. Die Rayleigh-Streuung erfolgt in gleicher Weise in Vorwärts- und Rückwärtsrichtung innerhalb einer Faser.
Neben dieser linearen Streuung, die bereits bei beliebig kleinen Leistungspegeln auftritt, existieren zwei zusätzliche Streumechanismen, die erst ab einer bestimmten Schwelleistung in Erscheinung treten, die Raman- und die Brioullin-Streuung. Diese nichtlinearen Streuprozesse setzen relativ hohe Feldstärken voraus, die allerdings bei Monomodefasern mit ihren sehr geringen Kerndurchmessern von nur wenigen Mikrometern durchaus schon bei einigen Milliwatt Strahlungsleitung erreicht werden können.
In Abb.5.1 sind die einzelnen Beiträge der genannten Absorptionsmechanismen aufgetragen.
Aus der Gesamtkurve aller Effekte erkennt man die beiden sogenannten Transmissionsfenster bei Wellenlängen von etwa 1.3 μm bzw.1.5 μm, in denen die Gesamtdämpfung nur Werte von 0.4 $dBkm^{-1}$ bzw. 0.25 $dBkm^{-1}$ aufweist.

Strahlungsverluste durch Modenkonversion treten auf, wenn geführte in nichtgeführte Moden umgewandelt werden, also Signalleistung aus dem Kern entweder in den Mantel übergeht oder direkt abgestrahlt wird. Dies kann einmal durch intrinsische Fasereigenschaften, wie z.B. Veränderungen des Kerndurchmessers, der Brechzahldifferenz oder des Brechzahlprofils entlang der Faser entstehen. Solche Verluste sind also verursacht durch Fehler bei der Herstellung der Faser.

Alle bisher genannten Dämpfungsmechanismen sind durch das Fasermaterial selbst und durch das angewandte Herstellungsverfahren bedingt. Sie können daher nicht durch einen entsprechenden Entwurf des Brechzahlprofils positiv beeinflußt werden, sieht man einmal von der Wahl der Dotierungsmaterialien zur Formung des Brechzahlprofils ab. Anders steht es mit den Strahlungsverlusten durch extrinsische Ur-

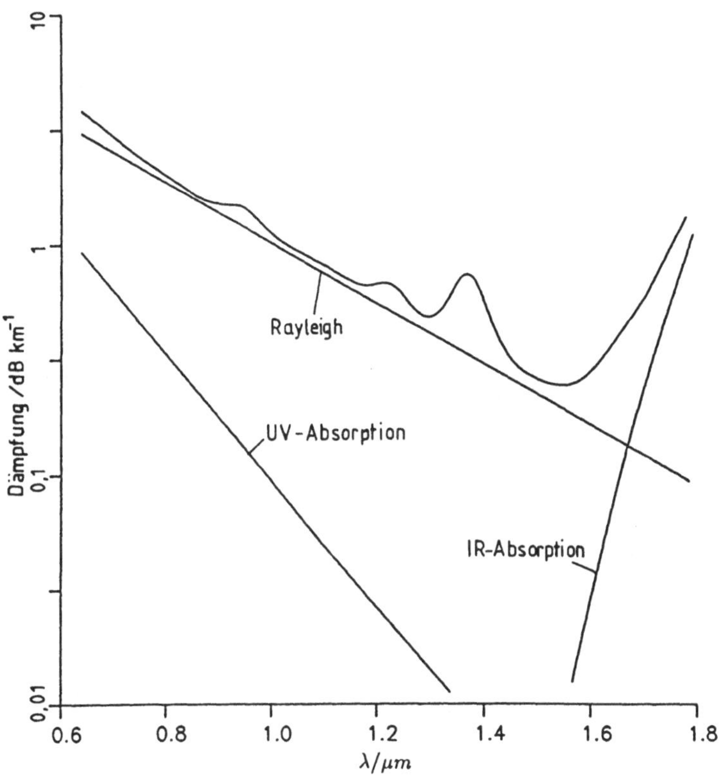

Abbildung 5.1: Spektraler Verlauf von Monomodefasern

sachen, d.h. durch äußere mechanische Belastungen wie Makro- oder Mikrokrümmungen.

Makrokrümmungen sind Biegungen der Faser mit einem über größere Strecken (sehr viele Lichtwellenlängen) konstanten Krümmungsradius. Verluste durch Makrokrümmungen haben folgende Ursache: Die Phasengeschwindigkeit des Grundmodes ist geringer als die Geschwindigkeit, die ebene Wellen im Fasermantel aufweisen würden. Wird die Faser gebogen, so muß die Phasengeschwindigkeit der Wellenfronten des geführten Modes proportional zum Abstand vom Krümmungsmittelpunktes zunehmen. Ab demjenigen Abstand, an dem die Phasenfront die Geschwindigkeit ebener Wellen im Fasermantel überschreiten würde, wird der entsprechende Lichtanteil abgestrahlt und geht daher dem Wellenleiter verloren. Die daraus resultierende Dämpfungserhöhung steigt steil mit dem Kehrwert des Krümmungsradius R an. Ebenso ist bei gegebenem Krümmungsradius R die Dämpfung umso höher, je weiter das Feld des Grundmodes in den Fasermantel hineinreicht. Dies ist dann der Fall, wenn die Differenz zwischen der effektiven Brechzahl β/k und der Mantelbrechzahl n_M gering ist, da das Feld des Grundmodes im Fasermantel proportional zur modifizierten Besselfunktion 2. Art $K_0(\sqrt{\beta^2/k^2 - n_M^2}kr)$ abfällt. Der genaue Brechzahlverlauf im Faserkern spielt dabei nur eine untergeordnete Rolle. Die Minimierung der Makrokrümmungsverluste erfolgt daher einmal bei der Lichtwellenleiter-Kabelherstellung durch Vermeiden von Krümmungsradien kleiner als etwa 10 cm, zum anderen schon beim Entwurf des Brechzahlprofils der Faser, indem Brechzahldifferenzen $\beta/k - n_M > 0.3$ % angestrebt werden. Auf diese Weise lassen sich die Zusatzverluste durch Makrokrümmung auf vernachlässigbar geringe Werte von unter 0.01 dB/km bei $\lambda = 1.7\ \mu m$ beschränken.

Mikrokrümmungen hingegen sind Krümmungen, die sich entlang der Faser periodisch oder statistisch verteilt laufend ändern. Dies führt ebenso zu Zusatzverlusten, im Gegensatz zu Makrokrümmungen aber hauptsächlich durch die permanente Kopplung des Grundmodes in Strahlungsmoden. Kritisch sind vor allem Krümmungsperioden in der Größe der Schwebungswellenlänge der Phasenkonstanten zwischen Grundmode und Strahlungsmoden, also etwa 1 mm – 2 mm. In diesem Fall führen bereits Krümmungsamplituden in der Größenordnung eines Mikrometers, also z.B. schon die Rauhigkeit der Kunststoffhüllen um die Faser, zu nicht mehr vernachlässigbar hohen Zusatzdämpfungen, welche unter Umständen auch durch eine sorgfältige Verkabelungstechnik nicht vermieden werden können. Die Mikrokrümmungsempfindlichkeit einer Faser ist andererseits umso geringer, je besser das Licht in der Faser geführt wird; sie hängt daher sehr stark vom Brechzahlprofil der Faser ab. Es ist aus diesem Grund möglich, die Mikrokrümmungsverluste durch den Entwurf eines optimierten Brechzahlverlaufs auf hinreichend niedrige Werte zu begrenzen. Für die dazu notwendige Berechnung der Mikrokrümmungsverluste sind verschiedene Methoden möglich. Die Auswertung der exakten Theorien ist jedoch so aufwendig, daß schon bald Näherungen entwickelt wurden, welche lediglich die Kenntnis der Reichweite der Feldverteilung des Grundmodes erfordern. Eine einfache analytische Näherungsformel für die Leistungsdämpfung auf Grund von Mikrokrümmungen lautet für den Grundmode (M. Artiglia et al., ECOC 86, 341 (1986))

$$\gamma = \frac{A}{4}(kn_{co}w_0)^2 \left(\frac{kn_{co}w^2(p)}{2}\right)^{2p} \tag{5.1}$$

mit

$$w(p) = \frac{w_\infty}{\left[(\frac{3}{2}-p)+(p-\frac{1}{2})\frac{w_\infty^2}{w_0^2}\right]^{\frac{1}{2p}}} \tag{5.2}$$

$$w_0^2 = \frac{2\int_0^\infty |\vec{E}_t|^2 r^3 dr}{\int_0^\infty |\vec{E}_t|^2 r\, dr} \tag{5.3}$$

$$w_\infty^2 = \frac{2}{kn_{co}(\beta - n_{cl}k)} \tag{5.4}$$

Hierbei sind k die Vakuumwellenzahl, n_{co} die Brechzahl des Faserkerns auf der Faserachse ($r = 0$), n_{cl} die Mantelbrechzahl, β die Phasenkonstante, $\vec{E}_t$ die Transversalkomponenten des elektrischen Feldes, w_0 die Petermannsche Fleckweite und w_∞ ein Maß für die Feldausdehnung im Fasermantel. Die Größen A und p schließlich beschreiben die statistische Verteilung der Mikrokrümmungen entlang der Faserachse in Form des Krümmungsleistungsspektrums

$$\Phi(l) \equiv \lim_{L\to\infty} \frac{1}{L}\left|\int_0^L \frac{1}{R(z)} e^{-j\Omega z} dz\right| = \frac{A}{\Omega^{2p}} \tag{5.5}$$

Typische Werte für eine in einem Lichtwellenleiterkabel verlegte Monomodefaser sind $A = 9.6799 \cdot 10^{-19} dBkm^{-1} \mu m^{-2p}$ und $p = 3.2$. Zur Berechnung der Mikrokrümmungsverluste genügt also bei vorgegebener Krümmungsstatistik (A, p) und Brechzahlverteilung $n(r)$ die Kenntnis der Phasenkonstante β und der Feldverteilung $\vec{E}(r)$. Um möglichst geringe Mikrokrümmungsverluste zu erhalten, sollten nach Gl. 5.1-5.5 w_0 und w_∞ möglichst klein sein, d.h. der Grundmode sollte möglichst gut im Faserkern geführt werden. Dies läßt sich durch eine entsprechende Gestaltung des Brechzahlprofils der Faser erreichen, z.B. durch Verwendung großer Brechzahldifferenzen zwischen Kern und Mantel. Allerdings sind nicht nur die Mikrokrümmungsverluste, sondern auch das Pulsübertragungsverhalten der Faser von der Form des Brechzahlprofils in starkem Maße abhängig. Der Entwurf des Brechzahlprofils erfordert daher eine Optimierung sowohl bezüglich der Verluste als auch der Dispersionseigenschaften der Faser.

Kapitel 6

Entwurf optimierter Fasern

Beim Entwurf von Glasfasern mit dem Ziel der Realisierung bestimmter optischer Übertragungseigenschaften, wie z.B. dem Dispersionsverhalten und der Dämpfung, kann man zwei Verfahren unterscheiden:

- Die Profil-Analyse: Hierbei errechnet man aus einem vorgegebenen radialen Verlauf des Brechzahlprofils die resultierenden optischen Eigenschaften.

- Die Profil-Synthese: In diesem Fall gibt man die optischen Eigenschaften der Faser vor und bestimmt die zugehörige Brechzahlverteilung.

Die Profil-Analyse ist inzwischen Standard und wird in einer Vielzahl von Varianten angewendet. In den meisten Fällen aber ist gerade das optimale Brechzahlprofil die unbekannte Größe, die es zu ermitteln gilt. Der übliche Weg besteht darin, von einem versuchsweise angesetzten Profilverlauf durch Anwendung der Profil-Analyse die korrespondierenden optischen Eigenschaften zu ermitteln und nach Vergleich der so erhaltenen Daten mit den gewünschten Werten eine Modifikation des Brechzahlprofils vorzunehmen. Durch eine fortgesetzte Wiederholung dieses Vorgehens kann man sich allmählich dem optimalen Profil nähern.

Viel effizienter ist die Methode der direkten Profil-Synthese, bei welcher das Brechzahlprofil ohne den Umweg impliziter Analyse-Schritte aus einem vorgegebenen Dispersionsverlauf und weiteren, zusätzlich geforderten Eigenschaften berechnet wird.

Beide Verfahren, Analyse und Synthese, basieren auf der gleichen

Grundlage, nämlich dem über die Wellengleichung verkoppelten Zusammenhang zwischen Brechzahlprofil, Phasenkonstante und zugehöriger Feldverteilung.

Ausgangspunkt für die weiteren Betrachtungen ist die numerische Lösung der Eigenwertgleichung (3.65); diese wird im folgenden durch den Ausdruck

$$g(\beta, k, n) = 0 \tag{6.1}$$

abgekürzt, wobei die Argumente β, k und n deren Abhängigkeit von der Phasenkonstante β, der Wellenzahl k und vom Brechzahlprofil $n(r)$ symbolisieren. Für die numerische Behandlung des Eigenwertproblems erweist es sich als zweckmäßig, den Brechzahlverlauf mit Hilfe eines Satzes von sogenannten Profilparametern p_j zu charakterisieren

$$n(r) = n(r, p_1, p_2, \cdots, p_l)\,. \tag{6.2}$$

Die Wahl der mathematischen Darstellung dieser Definitionsgleichung hängt von der Form des jeweilig untersuchten Brechzahlprofils und der gewünschten Zahl von Freiheitsgraden ab. Ein einfaches Beispiel besteht darin, die Brechzahl an l vorgegebenen Radien r_j durch $n(r_j) = p_j$ zu spezifizieren und die Brechzahl an Orten zwischen diesen diskreten Radien geeignet zu interpolieren.

Aufbauend auf diesen beiden Beziehungen lassen sich die Verfahren der Profil-Analyse und -Synthese entwickeln.

6.1 Profil-Analyse

Bei der Profil-Analyse wird von einem vorgegebenen radialen Verlauf des Brechzahlprofils $n(r) = n(r, p_1, \cdots, p_l)$ ausgegangen und die daraus resultierenden optischen Eigenschaften der Faser ermittelt. Zur Charakterisierung des Pulsübertragungsverhaltens einer Monomodefaser dient die chromatische Dispersion D_t welche proportional zu $d^2\beta/dk^2$ ist. Zur Bildung der zweiten Ableitung von β nach k muß der funktionale Zusammenhang $\beta(k)$ bekannt sein. Die beiden Größen β und k sind durch die Eigenwertgleichung auf implizite Weise untereinander verknüpft. Jedoch kann die Bildung des Differentialquotienten nicht durch implizite Differentiation erfolgen, da einige der in der Eigenwertgleichung stehende Terme nicht in analytischer Form gegeben sind, sondern sich aus den Komponenten des Lösungsvektors der numerischen Integrationsroutine für die Wellengleichung zusammensetzen. Da also die Wellengleichung keinen funktionalen Zusammenhang $\beta(k)$ liefert, sondern nur für jeden k-Wert einen korrespondierenden β-Wert, muß die Berechnung bei vielen diskreten, dicht liegenden Wellenzahlen k_i erfolgen

$$\begin{array}{c} g(\beta_1, k_1, p_1, \cdots, p_l) = 0 \\ g(\beta_2, k_2, p_1, \cdots, p_l) = 0 \\ \vdots \\ g(\beta_m, k_m, p_1, \cdots, p_l) = 0 , \end{array} \tag{6.3}$$

wobei die Profilparameter $p_1, \cdots, p_l$ fest vorgegeben sind. Dies ist daher ein System ungekoppelter nichtlinearer Gleichungen für die Unbekannten β_i mit $\beta_i = \beta(k_i)$.

Eine numerische Nullstellensuche für nichtlineare Gleichungen liefert die Lösungen für β_i. Durch Interpolation z.B. mit Spline-Funktionen s erhalten wir den funktionalen Zusammenhang

$$\beta(k) = s(k, \beta_1, k_1, \cdots, \beta_i, k_i, \cdots, \beta_m, k_m) \tag{6.4}$$

und daraus durch zweimaliges Differenzieren die gesuchte chromatische Dispersion

$$D_t(p_1, \cdots, p_l) = -\frac{1}{\lambda c} \left(k \frac{d^2 \beta(k)}{dk^2} \right) \tag{6.5}$$

für das Brechzahlprofil mit den Brechzahlparametern $p_1, \cdots, p_l$.

Mikrokrümmungsverluste werden nach Gl. (5.1) berechnet, wobei die dazu notwendigen Feldverteilungen aus den Gln. (3.66)-(3.67) folgen.

Als Beispiel dieses Analyse-Verfahrens wurde eine Breitbandfaser untersucht. Dabei wurde ein Brechzahlprofil mit drei idealen Sprüngen bei den Radien $R_1 = 4.2\,\mu m$, $R_2 = 8.25\,\mu m$, $R_3 = 15\,\mu m$ angenommen; die relativen Brechzahldifferenzen $\Delta_i = (n_0 - n_i)/n_0$ sind $\Delta_1 = 0.63\,\%$, $\Delta_2 = 0.18\%$, $\Delta_3 = 0.40\%$. Dieses in Abb. 6.1 als "Kurve 1" dargestellte Sprungprofil wurde entsprechend Gln. 6.3 - 6.5 analysiert.

Der auf diese Weise erhaltene Dispersionsverlauf ist in Abb. 6.2 gezeigt (Kurve 1).

Zur Veranschaulichung des Einflusses weicher Brechzahlübergänge wurde das ebenfalls in Abb. 6.1 dargestellte Gradientenprofil analysiert;

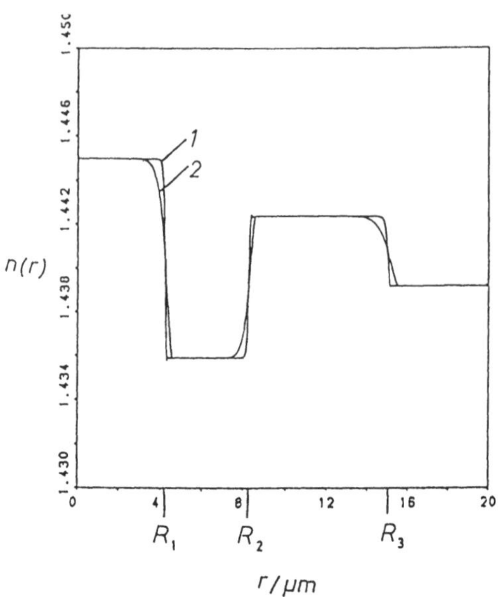

Abbildung 6.1: Brechzahlprofil der Breitbandfaser

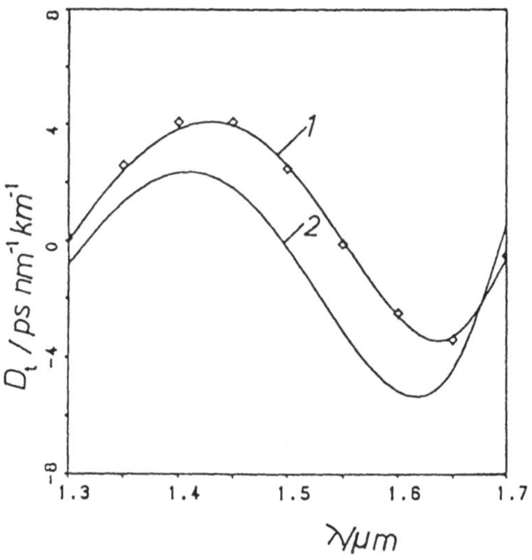

Abbildung 6.2: Dispersionsverlauf der Faser von Abb.6.1

der resultierende Dispersionsverlauf ist in Abb. 6.2 als "Kurve 2" gekennzeichnet. Es zeigt sich eine Differenz des Dispersionskoeffizienten zwischen den beiden Profilen von etwa 2 $psnm^{-1}km^{-1}$. In Abb. 6.3 sind die radialen $\vec{E}$-Feldverläufe des HE_{11}-Grundmodes für die Wellenlängen $\lambda = 1.3\,\mu m$ und $\lambda = 1.7\,\mu m$ gezeigt.

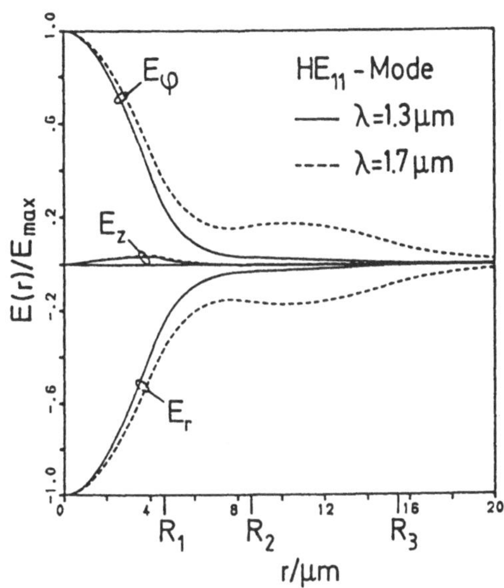

Abbildung 6.3: Radialer Verlauf des HE_{11}-Modes der Gradientenfaser

Es wird die weite radiale Feldausdehnung bei längeren Wellenlängen deutlich, welche den starken kompensierenden Einfluß der Wellenleiterdispersion bewirkt. Schließlich ist in Abb. 6.4 die radiale Feldverteilung des HE_{21}-Modes dargestellt. Es zeigt sich, daß diese Breitbandfaser keine reine Monomodefaser ist.

Trotz dieser potentiellen Mehrmodigkeit läßt sich solch eine Faser durch zentrale Anregung lediglich des Grundmodes einmodig betreiben, wie Nahfeldmessungen gezeigt haben.

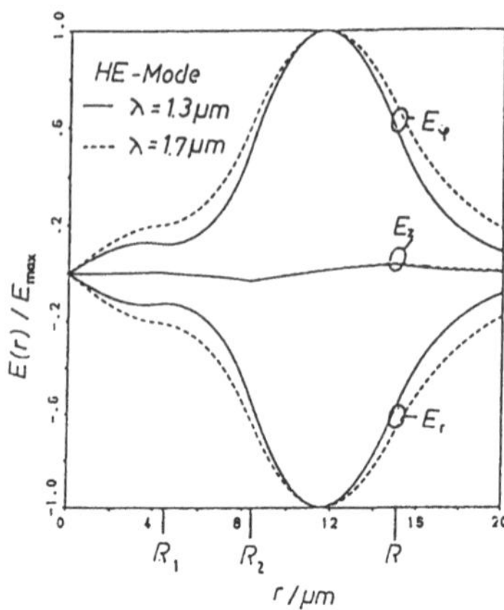

Abbildung 6.4: Radialer Verlauf des HE_{21}-Modes der Gradientenfaser

6.2 Profil-Synthese

Für den Entwurf von Monomodeglasfasern zur Erzielung gewünschter Übertragungseigenschaften ist ein Verfahren der Profil-Synthese erforderlich. Dieses soll in Umkehrung des Weges der Profil-Analyse denjenigen Brechzahlverlauf ermitteln, der der Faser eine bestimmte, vorgegebene Kombination von Fasereigenschaften aufprägt. Die Durchführung solch einer Profil-Synthese kann auf zwei prinzipiell unterschiedliche Weisen erfolgen.

Der erste Weg ist der einer rekursiv-analytischen Profil-Synthese, wie er in Abb. 6.5 am Beispiel der Dispersionsoptimierung dargestellt ist. Zu diesem Zweck beginnt man mit einem versuchsweise angesetzten Brechzahlverlauf n_r. Daraus bestimmt man mit Hilfe eines Analyseverfahrens die Phasenkonstante β und daraus durch zweimaliges Differenzieren den Dispersionsverlauf $D_t(\lambda)$. Der Vergleich der auf diese Weise erhaltenen Dispersionskurve mit deren gewünschtem Verlauf $D_{t\,nom}(\lambda)$ dient als Grundlage für eine Modifikation $\Delta n(r)$ des ursprünglich angenommenen Brechzahlverlaufs. Mit dem neuen Brechzahlprofil $n(r) + \Delta n(r) \rightarrow n(r)$ wird die Analyse-Schleife so lange wiederholt, bis das modifizierte Brechzahlprofil den gewünschten Dispersionsverlauf liefert. Der Nachteil dieses rekursiven Synthese-Verfahrens liegt darin, daß es als Kern ein Analyse-Verfahren enthält, welches für jeden einzelnen Rekursions-

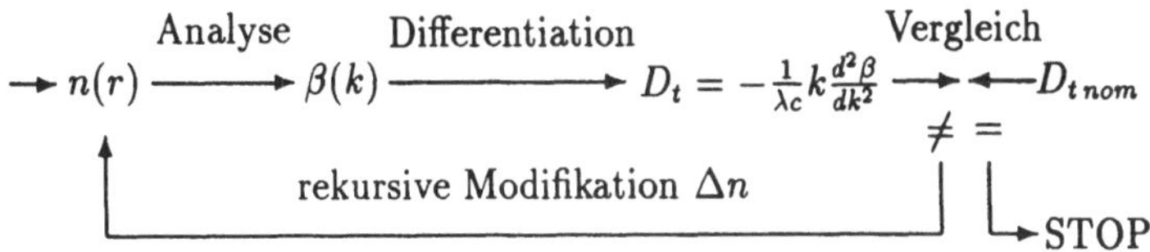

Abbildung 6.5: Prinzipieller Ablauf eines rekursiv-analytischen Profil-Synthese-Verfahrens

schritt eine aufwendige Eigenwertbestimmung der diskreten Phasenkonstanten β erfordert. Extrem lange Rechenzeiten sind die Folge.

Dieses Problem kann durch den viel effizienteren Weg einer direkten Profil-Synthese nach Abb. 6.6 gelöst werden, welcher aus einem gegebenen Verlauf der Gesamtdispersion $D_{t\,nom}(\lambda)$ das Brechzahlprofil ohne den Umweg rekursiver Analyseschritte liefert.

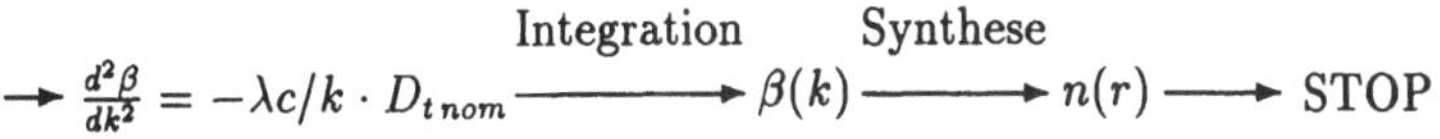

$$\rightarrow \frac{d^2\beta}{dk^2} = -\lambda c/k \cdot D_{t\,nom} \xrightarrow{\text{Integration}} \beta(k) \xrightarrow{\text{Synthese}} n(r) \longrightarrow \text{STOP}$$

Abbildung 6.6: Prinzipieller Verlauf eines direkten Profil-Synthese-Verfahrens

Neben der Forderung eines bestimmten Dispersionsverlaufs wünscht man vielfach noch die Erfüllung zusätzlicher Eigenschaften, wie z.B. Mikrokrümmungsverluste, maximale Brechzahldifferenz usw.. Diese müssen dann noch ergänzend in das Schema von Abb. 6.6 eingebaut werden.

6.2.1 Berücksichtigung des Dispersionsverlaufs

Grundlage der direkten Profil-Synthese ist eine modifizierte Interpretation des durch Gl. (6.1) definierten Eigenwertproblems. Im Gegensatz zur Profil-Analyse wird nun die Betrachtungsweise umgedreht, indem nicht von gegebenen Profilparametern p_j ausgehend die Phasenkonstante β als Eigenwert bestimmt wird, sondern vielmehr von einer gegebenen Phasenkonstante ausgehend die l Profilparameter p_j als unbekannte Eigenwerte angesehen werden. Eine Lösung für l Profilparameter p_j erfordert einen gegebenen Satz von l Phasenkonstanten $\beta_i = \beta(k_i)$ bei den Wellenzahlen k_i. Anstelle der ungekoppelten, selbständigen Eigenwertgleichungen (6.3) haben wir nun ein System von l gekoppelten nichtlinearen Gleichungen für die l Unbekannten p_j bei gegebenen β_i und k_i.

$$
\begin{aligned}
g(\beta_1, k_1, p_1, \cdots p_l) &= 0 \\
g(\beta_2, k_2, p_1, \cdots p_l) &= 0 \\
&\vdots \\
g(\beta_l, k_l, p_1, \cdots p_l) &= 0
\end{aligned}
\tag{6.6}
$$

Die Lösung dieses Systems liefert in einem einzigen Schritt den gesamten Satz von Eigenwerten $(p_1, \cdots p_l)$. Von primärem Interesse ist jedoch weniger der funktionale Verlauf der Phasenkonstante $\beta(k)$ als vielmehr der der zweiten Ableitung $d^2\beta/dk^2$, welcher den Dispersionskoeffizienten D_t und damit das Pulsübertragungsverfahren der Faser beschreibt. Es wird daher im folgenden der gewünschte Dispersionsverlauf $(d^2\beta/dk^2)_{nom}$ entsprechend

$$
\left(\frac{d^2\beta}{dk^2}(k)\right)_{nom} = -\frac{2\pi c}{k^2} D_{t\,nom}(k) \tag{6.7}
$$

vorgegeben. Die zweifache Integration dieser Größe liefert die Phasenkonstante β_i, welche wir für die Berechnung des Eigenwertsatzes von Gl. (6.6) benötigen

$$
\beta_i = \beta(k_i) = \beta_1 + \left(\frac{d\beta}{dk}\right)_1 (k_i - k_1) + \int_{k_1}^{k_i} \int_{k_1}^{k'} \left(\frac{d^2\beta}{dk^2}(k'')\right)_{nom} dk''dk' \tag{6.8}
$$

Wenn wir die Intervalle $k_{i+1} - k_i$ genügend klein wählen, dann wird die zweite Ableitung des interpolierten Satzes der diskreten $\beta_i(k_i)$ die Originalfunktion $(d^2\beta/dk^2)_{nom}$ genügend gut approximieren. Es ist daher unter dieser Voraussetzung erlaubt, den Dispersionsterm $(d^2\beta/dk^2(k))_{nom}$ durch die β_i entsprechend der Integrationsvorschrift von Gl. (6.8) zu repräsentieren.

Eine genauere Untersuchung des durch diese Diskretisierung hervorgerufenen Fehlers soll etwas später erfolgen. Einsetzen von

$$\beta_i = \beta\,(k_i, \beta_1, (d\beta/dk)_1, D_{t\,nom}) \tag{6.9}$$

entsprechend den Gln. (6.7) - (6.8) in die Eigenwertgleichung

$$g(\beta_i, k_i, p_1, \cdots p_l) = 0 \tag{6.10}$$

liefert die neue, durch den Ausdruck

$$\tilde{g}\,(k_i, \beta_1, (d\beta/dk)_1, p_1, \cdots p_l, D_{t\,nom}) = 0 \tag{6.11}$$

abgekürzte Eigenwertgleichung, in welcher die β_i nicht mehr explizit auftauchen, sondern über Gl. (6.8) durch $D_{t\,nom}(k)$ festgelegt sind.

Bei der Doppelintegration von Gl. (6.8) sind die beiden Integrationskonstanten β_1 und $(d\beta/dk)_1$ aufgetaucht. Diese sind als zwei zusätzliche Unbekannte zu den l Profilparametern p_j zu behandeln. Wir benötigen daher zur Lösung unseres Problems jetzt $(l+2)$ Eigenwertgleichungen (6.11), die für $(l+2)$ verschiedene Wellenzahlen aufgestellt werden müssen

$$\begin{aligned} \tilde{g}\,(k_1, \beta_1, (d\beta/dk)_1, p_1, \cdots p_l, D_{t\,nom}) &= 0 \\ \tilde{g}\,(k_2, \beta_1, (d\beta/dk)_1, p_1, \cdots p_l, D_{t\,nom}) &= 0 \\ &\vdots \\ \tilde{g}\,(k_{l+2}, \beta_1, (d\beta/dk)_1, p_1, \cdots p_l, D_{t\,nom}) &= 0 \end{aligned} \tag{6.12}$$

Durch Lösung dieses gekoppelten, nichtlinearen Gleichungssystems erhalten wir damit neben den nicht weiter interessierenden unbekannten Integrationskonstanten β_1 und $(d\beta/dk)_1$ die l unbekannten Profilparameter p_j, welche denjenigen Brechzahlverlauf charakterisieren, der zur Erfüllung des geforderten Dispersionsverlaufs $D_{t\,nom}(\lambda)$ führt.

6.2.2 Berücksichtigung zusätzlicher optischer Eigenschaften

Um zusätzlich zur Vorgabe der Gesamtdispersion noch weitere Fasereigenschaften berücksichtigen zu können, muß die Anzahl der Profilparameter p_j die Anzahl der einschränkenden Eigenwertgleichungen übersteigen. Durch die Erhöhung der Zahl der Freiheitsgrade des zu synthetisierenden Brechzahlprofils von l Parametern p_j bei $(l+2)$ diskreten

Wellenzahlen k_i auf einen höheren Wert $(l+t)$ wird das Eigenwert-Gleichungssystem (6.12) unvollständig. Die fehlenden t Gleichungen können nun durch eine entsprechende Anzahl zusätzlich geforderter Fasereigenschaften ergänzt werden, welche in der allgemeinen Form

$$f_m\,(p_1,\cdots p_l,\cdots p_{l+t},F_{m\,nom})=0 \tag{6.13}$$

geschrieben werden können. Hierbei steht die Funktion f_m für die m-te dieser Eigenschaften, welche von den Profilparametern p_j durch eine geeignete Formel bzw. numerische Rechenvorschrift abhängen soll; die Größe $F_{m\,nom}$ bezeichnet den geforderten Wert für diese Eigenschaft. Die Bestimmung des Brechzahlprofils einer Monomodefaser, welche neben einem durch $D_{t\,nom}(\lambda)$ vorgegebenen Dispersionsverlauf zusätzlich noch t weitere, durch die Größen $F_{m\,nom}$ $(m=1\cdots t)$ definierte Eigenschaften aufweisen soll, erfolgt daher mit Hilfe des aus den Gln. (6.12) und (6.13) zusammengefaßten gekoppelten nichtlinearen Gleichungssystem

$$\begin{aligned}
\tilde{g}\,(k_1,\beta_1,(d\beta/dk)_1,p_1,\cdots p_l,\cdots p_{l+t},D_{t\,nom})&=0\\
\tilde{g}\,(k_2,\beta_1,(d\beta/dk)_1,p_1,\cdots p_l,\cdots p_{l+t},D_{t\,nom})&=0\\
&\vdots\\
\tilde{g}\,(k_{l+2},\beta_1,(d\beta/dk)_1,p_1,\cdots p_l,\cdots p_{l+t},D_{t\,nom})&=0\\
f_1\,(p_1,\cdots p_l,\cdots p_{l+t},F_{1\,nom})&=0\\
f_2\,(p_1,\cdots p_l,\cdots p_{l+t},F_{2\,nom})&=0\\
&\vdots\\
f_t\,(p_1,\cdots p_l,\cdots p_{l+t},F_{t\,nom})&=0
\end{aligned} \tag{6.14}$$

Durch numerisches Lösen dieser $(l+2+t)$ Gleichungen erhalten wir in einem einzigen Schritt neben den beiden Integrationskonstanten β_1 und $(d\beta/dk)_1$ die $l+t$ unbekannten Profilparamter p_j. Diese liefern mit Hilfe der Definitionsgleichung (6.2) das gesuchte Brechzahlprofil $n(r)$, welches eine Glasfaser besitzen muß, die sowohl den Dispersionsverlauf $D_{t\,nom}$ als auch die weiteren Eigenschaften $F_{m\,nom}$ aufweist.

Die Vermeidung der vielfachen, für jeden Rekursionsschritt notwendigen Eigenwertbestimmungen, wie sie beim rekursiv-anlaytischen Synthese-Verfahren nach Abb. 6.5 notwendig sind, führt bei dem Synthese-Verfahren nach Gl. (6.14) zu einer drastischen Reduktion der Rechenzeit. In Abb. 6.7 ist die Struktur dieses Synthese-Verfahrens noch einmal schematisch zusammengefaßt.

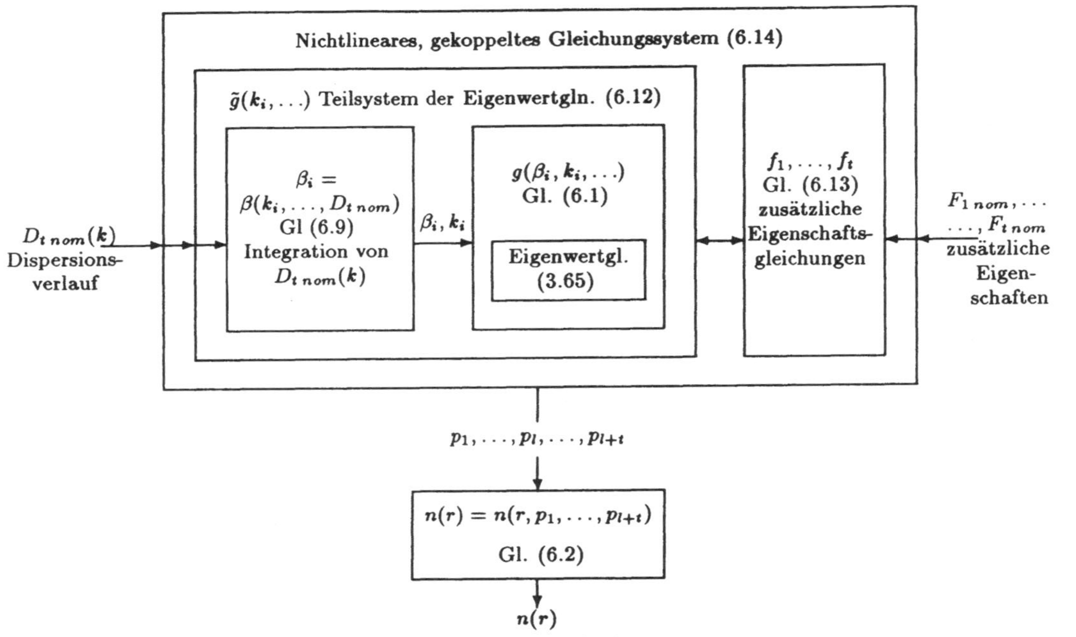

Abb. 6.7 Struktur des direkten Synthese-Verfahrens

Der Kern dieses nichtlinearen gekoppelten Gleichungssystems ist das Teilsystem der Eigenwertgleichungen $g(\beta_i, k_i, p_1, \cdots p_j, \cdots)$ für diskrete β_i und k_i. Dabei müssen die Komponenten des Systemes der Eigenwertgleichungen (3.65) mit Hilfe des in Abb. 3.9 zusammengefaßten numerischen Lösungsalgorithmus für das modifizierte Eigenwertproblem der Wellengleichung bestimmt werden.

Sowohl für die Lösung nichtlinearer Gleichungssysteme wie Gl. (6.14) als auch für die Integration von Differentialgleichungssystemen, wie sie für die Berechnung der Eigenwertgleichung notwendig sind, stehen eine Vielzahl fertiger Lösungsroutinen in handelsüblichen mathematischen Software-Paketen zur Verfügung.

6.2.3 Anwendung des Synthese-Verfahrens

Zur Demonstration des Synthese-Programms wird zunächst das Brechzahlprofil einer Breitbandfaser mit der Forderung

$$D_t(\lambda) = 0 \quad für \;\; 1.35\,\mu m < \lambda < 1.7\,\mu m \tag{6.15}$$

bestimmt. Dabei wird der Brechzahlverlauf durch 25 Profilparameter p_j entsprechend der Vorschrift

$$n(r_j) = p_j \tag{6.16}$$

definiert mit

$$r_j = \frac{j-1}{24} R \tag{6.17}$$

Die Interpolation der Brechzahl $u(r)$ für Radien r zwischen den Stützstellen $r_n < r < n_{n+1}$ geschieht mit Hilfe von Spline-Funktionen. Der Radius des Fasermantels R liege bei $12\mu m$, die Brechzahl des Mantels entspreche der von reinem SiO_2. Durch den relativ großen Wert von $R = 12\mu m$ ist sichergestellt, daß im Kernbereich genügend viel Platz für die Ausbildung eines hinreichend komplizierten Brechzahlprofils bleibt, um die Forderung verschwindender Dispersion von Gl. (6.15) erfüllen zu können. Die diskreten Wellenzahlen k_i im Gleichungssystem (6.14) sind äquidistant im Bereich $1.35\,\mu m < \lambda < 1.7\,\mu m$. Das Ergebnis der Profil-Synthese ist in Abb. 6.8 dargestellt.

Zur Prüfung, inwieweit die diskreten Wellenzahlen k_i den funktionalen Verlauf von $\beta(k)$ und damit von D_t hinreichend gut darstellen, ist der

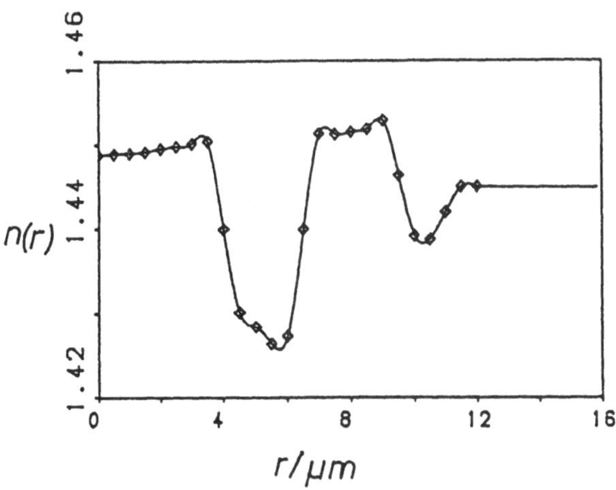

Abbildung 6.8: Synthetisiertes Brechzahlprofil mit 25 Stützpunkten für $D_t(\lambda) = 0 \quad 1.35\,\mu m < \lambda < 1.7\,\mu m$

dem Brechzahlprofil $n(r)$ korrespondierende tatsächliche Dispersionsverlauf in Abb. 6.9 gezeigt.

Die resultierende maximale Abweichung des tatsächlichen Dispersionsverlaufs vom geforderten von nur $0.2 ps nm^{-1} km^{-1}$ bestätigt die Brauchbarkeit des hier vorgestellten Verfahrens. Das im vorliegenden Beispiel errechnete Brechzahlprofil weist die typische Form der W-Profil-artigen sogenannten "Multiple-Clad-Breitbandfasern" auf.

Für die praktische Anwendung des Synthese-Verfahrens weist eine große Anzahl von Stützstellen einige Nachteile auf. Zum einen geht der Rechenzeitbedarf mit zunehmender Anzahl von Stützstellen stark in die Höhe. Weiterhin erhält man bei zu vielen Stützpunkten eine für die Faserherstellung viel zu komplizierte Struktur.

Im Hinblick auf die Forderung möglichst billiger Faserherstellung bei möglichst guter Beibehaltung eines verschwindenden Dispersionsverlaufs wird daher im folgenden die Anzahl Stützstellen auf nur drei Stück reduziert, wobei nun ein stufenförmiger Verlauf von $n(r)$ zu-

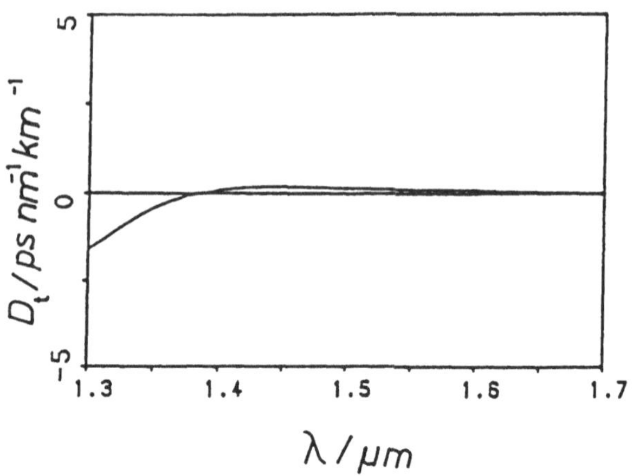

Abbildung 6.9: Dispersionsverlauf des Brechzahlprofils von Abb. 6.8

grunde gelegt wird. Es soll daher gelten

$$n(r) = \begin{cases} p_j & r_j \leq r < r_{j+1} \\ n_{el} & r \geq R \end{cases} , \tag{6.18}$$

wobei im vorliegenden Beispiel für die Radien $r_1 = 0\,\mu m$, $r_2 = 4\mu m$, $r_3 = 6.5\mu m$ mit $R = 11\mu m$ gewählt wurde. Da jetzt nur noch drei Profilparameter verwendet werden, sind zur Darstellung des Verlaufs $\beta(k)$ in Gl. (6.8) nur fünf diskrete Stützwerte $\beta_i = \beta(k)$ möglich. Die geringere Dichte an Stützwerten wird daher Abweichungen zwischen dem tatsächlichen und dem geforderten Dispersionsverlauf zur Folge haben. Zur Illustration wurde das durch Gl. (6.18) definierte Brechzahlprofil mit der Forderung $D_t(\lambda) = 0$ für die folgenden fünf Fälle mit $k_i = 2\pi/\lambda_i$ synthetisiert:

Fall	1	2	3	4	5
$\lambda_1/\mu m$	1.400	1.350	1.300	1.250	1.200
$\lambda_2/\mu m$	1.450	1.425	1.400	1.375	1.350
$\lambda_3/\mu m$	1.500	1.500	1.500	1.500	1.500
$\lambda_4/\mu m$	1.550	1.575	1.600	1.625	1.650
$\lambda_5/\mu m$	1.600	1.650	1.700	1.750	1.800
$\Delta\lambda_i/\mu m$	0.050	0.075	0.100	0.125	0.150

Die resultierenden Brechzahlverläufe sind in Abb. 6.10 dargestellt.

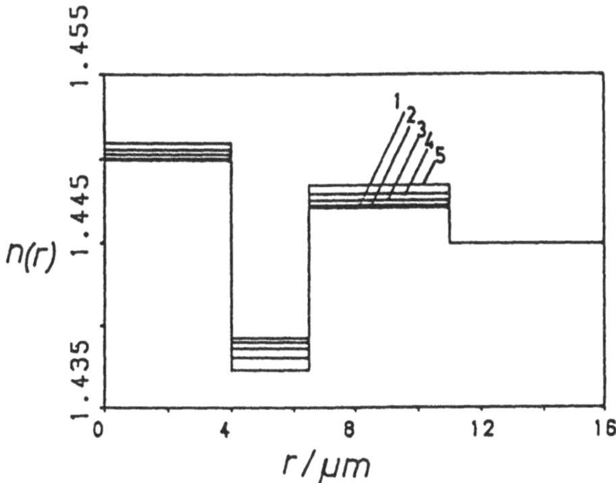

Abbildung 6.10: Synthetisierte Stufenindex-Profile für verschiedene Stützstellen k_i

Es zeigt sich, daß die Profile umso ausgeprägter erscheinen, je größer das zugrunde gelegte Wellenlängenintervall bzw. die Stützstellenabstände $\Delta\lambda_i$ sind. Mit Hilfe eines Analyse-Programms wurde der zugehörige tatsächliche Dispersionsverlauf ermittelt und in Abb. 6.11 aufgetragen. Wie zu erwarten, verschlechtert eine Vergrößerung der Intervalle $\Delta\lambda_i$ die Güte der Approximation von D_t durch die diskreten $\beta(\lambda_i)$. Dementsprechend ergeben sich für größere $\Delta\lambda_i$ stärkere Abweichungen des tatsächlich erzielten Dispersionsverlaufs vom geforderten $D_t(\lambda) = 0$.

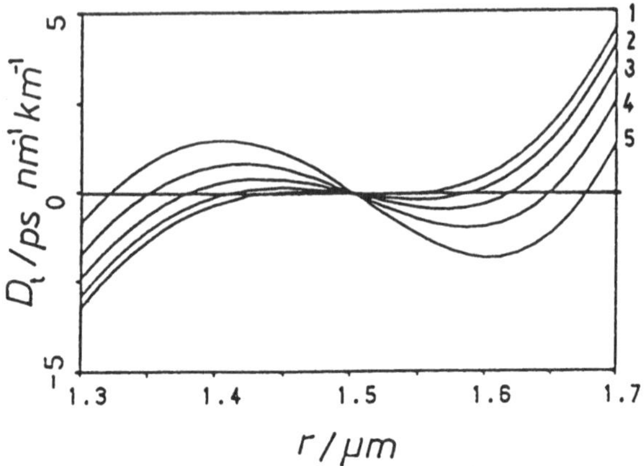

Abbildung 6.11: Tatsächlicher Dispersionsverlauf der Brechzahlprofile von Abb. 6.10

Akzeptiert man einen Dispersionsverlauf mit Abweichungen von $\pm 2 ps nm^{-1} km^{-1}$, wie sie für die meisten praktischen Anwendungen ausreichend sind, dann läßt sich mit Brechzahlprofilen von nur drei Sprüngen eine Dispersionskompensation im gesamten für Breitbandübertragung interessanten Wellenlängenbereich zwischen 1.3 μm und 1.7 μm erreichen. Es sei hier betont, daß diese Einschränkung eine prinzipielle Eigenschaft von Monomodefasern offenbart und nicht eine Beschränkung der Profil-Synthese darstellt. Eine vollständige ideale Kompensation im genannten Wellenlängenbereich mit nur wenigen Brechzahlsprüngen läßt sich prinzipiell nicht verwirklichen. Zur Realisiserung wäre vielmehr ein kompliziert aufgebautes, vielparametriges Brechzahlprofil, wie z.B. in Abb. 6.8 dargestellt, erforderlich.

Literaturverzeichnis

[1] Arnaud, J.A.; *Beam and Fiber Optics,* Academic Press, New York, 1976.

[2] Clarricoats, P.J.B. (Hrsg); *Optical Fibre Waveguides,* IEE Press, Reprint Series 1, Sept. 1975.

[3] Geckeler, S.; *Lichtwellenleiter für die optische Nachrichtenübertragung* Springer Verlag, Berlin 1987.

[4] Gloge, D. (Hrsg); *Optical Fibre Technology,* IEEE Press, 1976.

[5] Grau, G.; *Optische Nachrichtentechnik* Springer Verlag, Berlin 1981.

[6] Marcuse, D.; (Hrsg); *Integrated Optics,* IEEE Press, 1973.

[7] Marcuse, D.; *Theory of Dielectric Optical Waveguides,* Academic Press, New York and London 1974.

[8] Marcuse, D.; *Light Transmission Optics,* Van Nostrand Reinhold Comp., New York, 1972.

[9] Unger, H.-G.; *Optische Nachrichtentechnik* Elitera Verlag, Berlin, 1976.

[10] Unger, H.-G.; *Planar Optical Waveguides and Fibres,* Clarendon Press, Oxford, 1977.

Index

TEUBNER STUDIENSKRIPTEN (TSS) UND LEHRBÜCHER FÜR INGENIEURE

- Optische Nacnrichtentechnik -

Bludau/Gündner/Kaiser

Systemgrundlagen und Meßtechnik in der optischen Übertragungstechnik
1985. 200 Seiten (TSS) DM 19,80

Börner/Trommer

Lichtwellenleiter
1989. 160 Seiten (TSS) DM 21,80

Börner/Müller/Trommer/Schiek

Elemente der Integrierted Optik
Herbst 1989 ca. 200 Seiten (TSS) ca. DM 25,--

Harth/Crothe

Sende - und Empfangsdioder die optische Nacnrichtentechnik
1985. 216 Seiten (TSS) DM 19,80

Heinieinn

Grundlagen der faseropti nen Übertragungstechnik
1985. 163 Seiten (TSB) DM 32,--

Kneubühl/Sigrist

Laser, 2. Auflage
1989. 416 Seiten (TSB) DM 42,--

Paul

Optoelektronische Halbleiterbauelemente
1985. 300 Seiten (TSS) DM 22,80

TSS: Teubner Studienskripten (12,7x18,8 cm)
TSB: Teubner Studienbücher (13,7x20,5 cm)

(Preisänderungen vorbehalten)